Hans Chifflard | Manfred Reinhardt

Wanderschäferei

Hans Chifflard
Manfred Reinhardt

Wanderschäferei

80 Fotos
12 Grafiken und Karten

Ulmer

Inhalt

Vorwort

Die Wanderschäferei hat besonders in Süddeutschland eine lange historische Entwicklung hinter sich. Süddeutschland ist die Gegend der bäuerlichen Besitzzersplitterung in kleinste, kleine und mittelbäuerliche Betriebe. Diese betriebswirtschaftlichen Voraussetzungen führten zu der Betriebsform der Wanderschäferei. Dabei ziehen die Schafherden, geführt von ihren Hirten oder Schäfern, im jahreszeitlichen Wechsel dem Futter nach, teilweise über Strecken von 200 bis 500 km. Die Schafe werden die längste Zeit des Jahres im Freien gehalten, mit einer sehr beschränkten winterlichen Einstallung. Daraus ergibt sich das zweite charakteristische Merkmal der Wanderschäferei, der Pferchbetrieb.

Wir stellen die Entwicklung der Wanderschäferei umfassend dar und erläutern sie an vielen Bespielen aus der Praxis, besonders aus Baden-Württemberg und Bayern. In diesen beiden Ländern konnten wir dafür auf umfangreiche geschichtliche und aktuelle Daten zurückgreifen.

Namentlich genannte Herdenhalter und ehemalige Wanderschäfer sprachen offen und bereitwillig mit uns über Erfahrungen und Erlebnisse aus ihrem Berufsleben.

Die Herdenhaltung hat bis zum heutigen Tag wirtschaftliche Höhen und Tiefen erlebt. Wie kaum ein anderer landwirtschaftlicher Betriebszweig konnte sie sich der jeweiligen wirtschaftlichen Gesamtsituation anpassen und nicht immer hat sie die Aufwärtsentwicklung der allgemeinen Landwirtschaft mitgemacht. Zu allen Zeiten war sie Gesetzen, Verordnungen und der jeweiligen Agrarpolitik unterworfen, die die Schafhaltung entweder förderten oder behinderten.

Mit diesem Fachbuch lernt der Leser die kulturelle und wirtschaftliche Bedeutung der Wanderschäferei kennen. Es beschreibt die Lebens- und Arbeitsweise, ergänzt mit Auszügen aus Interviews mit Wanderschäfern verschiedener Generationen. Exponate aus dem Archiv des Vereins für Schäfereigeschichte, Ortschroniken, Kontrollbücher und Fotos geben einen Einblick in die Vergangenheit und in die heutige Realität.

Das Schlagwort heute ist die Pflege der Kulturlandschaft. Unverzichtbar dafür ist die Herdenhaltung. Sie kann Akzeptanz und Image der Landwirtschaft messbar verbessern.

Es soll ein Buch der Schäfer sein. Im harten Daseinskampf, in den gerade dieser Berufsstand hineingestellt ist, wird die Erkenntnis einer jahrhundertealten Gemeinschaftskultur mit ihren besonderen Leistungen und Werten das eigene Zutrauen stärken. Das Buch wendet sich auch an diejenigen, die den Schäfer bisher nur von einer Seite kannten. Es soll dazu dienen, den Schäfer gerechter zu beurteilen, als es eine romantisch schwärmerische Zuneigung oder eine bäuerliche Abneigung vermag.

Die echte Schäfertradition darf nicht aussterben, sondern sie kann helfen, neue Lebensformen zu finden – aus ihrem wertvollen Überlieferungsgut im Zusammenspiel mit den Erfordernissen der heutigen Zeit.

Guter Hirte ſegne unſer Feld,
Unſer Haus, die Schafe, Rinder
Pferde. Uns bewahre vor der
Bösen Welt mache unsz. Schäflein
Deiner Herde.
Gewiedmet v. J. Wörner 1928

An dieser Stelle möchten wir unseren herzlichsten Dank allen Schafhaltern, Tierärzten, Kollegen und berufsständischen Organisationen aussprechen, die uns bei der Anfertigung des Manuskripts mit vielen fachlichen Hinweisen, Bildern, Urkunden und Verträgen beratend und tatkräftig unterstützt haben. An den Verlag Eugen Ulmer und die Lektorin Frau Dr. Eva-Maria Götz ein besonderer Dank für die angenehme Zusammenarbeit, für das immer offene Ohr und die große Unterstützung bei der Ausgestaltung.

Dank gilt auch unseren Familien, die während der Bearbeitungszeit mit Verständnis und Geduld auf manche gemeinsame Freizeit verzichtet haben.

Hagelstadt Hans Chifflard
Winterlingen Manfred Reinhardt

Seite 8:
Der Schäfer Wörner, der gesund aus dem Ersten Weltkrieg zurückkam, stiftete diesen Stein am Weg zu seinem Heimathof.

Ein Wanderschäfer heute –
Schäfermeister Markus Schenk, Deining, geb. 1978

In einem offen geführten Interview berichtet Schenk von den kleinen Anfängen bis zu seinem Vollerwerbsbetrieb mit Hütehaltung. Elterlicherseits war das Ehepaar Schenk nicht vorbelastet, sie kamen nicht aus der Schäferei. Es war sein Berufswunsch, Schäfer zu werden und sich selbstständig zu machen. Die Mitarbeit in einer Schäferei in Giengen a. d. Brenz führte ihn näher an den Beruf heran. Drei Lehrjahre von 1989 bis 1992

Markus Schenk im Jahr 1997 mit seiner Herde auf dem Weg zur Winterweide.

absolvierte er auf dem Merinozuchtbetrieb Gerhard Stotz in Münsingen. Im ersten Lehrjahr betrug der monatliche Lohn 700.– DM brutto (netto 128.– DM, inkl. Kost und Logis). Im zweiten erhielt er 780.– DM und im dritten 858.– DM. Der Urlaubsanspruch betrug 25 Tage / Jahr.

Danach arbeitete er als Betriebshelfer beim Katholischen Landvolk in Baden-Württemberg und schloss 1996 / 97 seine Ausbildung mit der Schäfermeisterprüfung in Bayern ab.

Mit dem Ankauf von 420 Merinomutter- und 120 Pensionsschafen machte sich der junge Schäfermeister ab Oktober 1995 selbstständig. Ein Freund versprach ihm ungläubig einen Esel, sollte er sich wirklich selbstständig machen. Diese Wette gewann Markus Schenk. Seitdem hat er einen Esel zum Tragen seiner Geräte und dem Elektrozaun.

Die Sommerweide in Giengen an der Brenz (86 ha, 1.100,– DM Pachtzins) und eine Herbstweide im Landkreis Dillingen waren die Grundlage für den weiteren Aufbau der Herde. Im Spätherbst 1996 machte er sich zum ersten Mal auf die Wanderschaft zur gepachteten Winterweide in Oberreitnau, Landkreis Lindau. Der Hinweg ab Giengen dauerte 38 Tage und der Rückweg ab dem 1. April 1997 nach Deining in der Oberpfalz 37 Tage – hin und zurück insgesamt etwa 600 km.

Wanderungen

In Deining pachtete er eine Sommerweide mit 90 ha, dort ist auch seit 1997 der Betriebssitz der Familie. Mit 500 Mutterschafen und ihren Lämmern machte er im November 1997 die zweite Reise von Deining nach Oberreitnau.

Bis 2003 folgten noch mehrere Wanderungen zu dieser Winterweide. Dabei durchquerte die Herde in der Regel zwölf Landkreise und Schenk musste sich unterwegs daher bei elf Veterinärämtern mit dem Kontrollbuch melden und die weiteren Triebgenehmigen einholen.

Probleme auf den Wanderungen waren etwa Futterknappheit, vor allem in den intensiven Ackerbau- und Gemüseanbaugebieten im Raum Gundelfingen, Leipheim. Das bedeutete schnelleren Durchtrieb und Silagefütterung bei frühem Wintereinbruch. Im schneereichen Winter 1998 /99 wurde die Herde in Leutkirch eingeschneit. Bei einer bis zu einem Meter hohen Schneedecke konnten sich die Schafe keinen Grashalm mehr freischarren. Sie erhielten Silage und Heu auf einer geräumten Straße.

Schwierig war das Jahr 2001, als in Bayern Maul- und Klauenseuche grassierte. Die Schafherde durfte nicht weiterziehen, wurde verladen und in einem Steinbruch in Sengenthal in Quarantäne gestellt. Für Schenk war dies wirtschaftlich ein hoher Verlust und vom Tierschutz her fraglich, denn es gab hohe Lämmerverluste und tierhygienische Probleme.

In vielen Situationen ist ein Schäfer auf das Wohlwollen anderer angewiesen. Im Allgäu und um den Bodensee halfen die ihm Landwirte,

Kontrollbuch

Darin sind enthalten: ein beglaubigtes Lichtbild mit Unterschrift, Name, Vorname, Geburtstag, Geburtsort, Wohnort und eine Personenbeschreibung. Sowie seuchenpolizeiliche Strafen. Es enthält die Zusammensetzung der Herde und die besonderen Kennzeichen: Angabe des Eigentümers der Herde, der Kopfzahl, dem gewünschten Triebweg, dem Bestimmungsort. Die Tiere sind nach Gattungen getrennt aufzuführen, die Kennzeichen sind (Ohrkerben, Farbzeichen) einzutragen. Zugang- und Abgang von Tieren ist anzugeben.

Schenk übernachtete in Privatquartieren und im Wohnwagen. Die Herde begleiteten drei bis vier Altdeutsche Hütehunde. Sie erhielten Trockenfutter und Wasser. Bei einer Wanderung warf eine Hündin Welpen. Da die Hündin für die Hütearbeit gebraucht wurde, trug Schenk die Welpen im Rucksack mit und sie konnten bei Pausen zur Hündin.

wo sie konnten. Mit jedem Jahr wurde die Zahl der Freunde entlang der Strecke größer. Zog er durch die Dörfer, hörte er die Kinder rufen: „Der Schäfer ist wieder da!"

Der Schritt zum Stallbau

Mit dem Schafstall und verbesserten Weidebedingungen im Jahr 2004 machte sich Markus Schenk aus familiären Gründen endgültig in Deining sesshaft, mit standortgebundener Hütehaltung, Landschaftspflege und Lämmermast. Die Winterweide bei Lindau gab er auf, weil auch dort Biogasanlagen, Landschaftszersiedelung und Flächenversiegelungen für Industrie und Verkehr die Weidemöglichkeiten stark eingeschränkt hatten.

Ein großes Problem sind die steigenden Pachtpreise für Dauergrün- und Ackerland. Flächen für Winterfutter wie Getreide und Kleegras sind der begrenzende Faktor für den Mutterschafbestand / Betrieb, denn mit wenig Eigentumsflächen kann er aus betriebswirtschaftlichen Gründen nicht mehr konkurrieren. Flächenerwerb und gleichzeitigen Schafstallbau können die Schäfereibetriebe finanziell nicht tragen. Dazu kommen die fehlenden Herbstweiden, vor allem im näheren Umkreis des Betriebssitzes. Um die Beweidung in diesen Monaten bis zur Winterstallhaltung sicherzustellen, sind die Betriebe gezwungen, sie immer weiter auszudehnen, bis auf die Regierungsbezirksebene – mit zusätzlichen Fahrtkosten und höherem Zeitaufwand.

Doch Familie Schenk blickt optimistisch in die Zukunft und sieht gute Chancen für die heimische Schafhaltung. Markus Schenks Motto:

„Unternehmerisches Denken, Mut und fachliche Qualifikation sind die entscheidenden Punkte, um für die kommenden Jahre gerüstet zu sein. So hat auch die Herdenschafhaltung eine Existenzberechtigung in der Zukunft und ist damit in der Lage, neben der Produktion von Qualitätslammfleisch Leistungen für die Gesellschaft erbringen!"

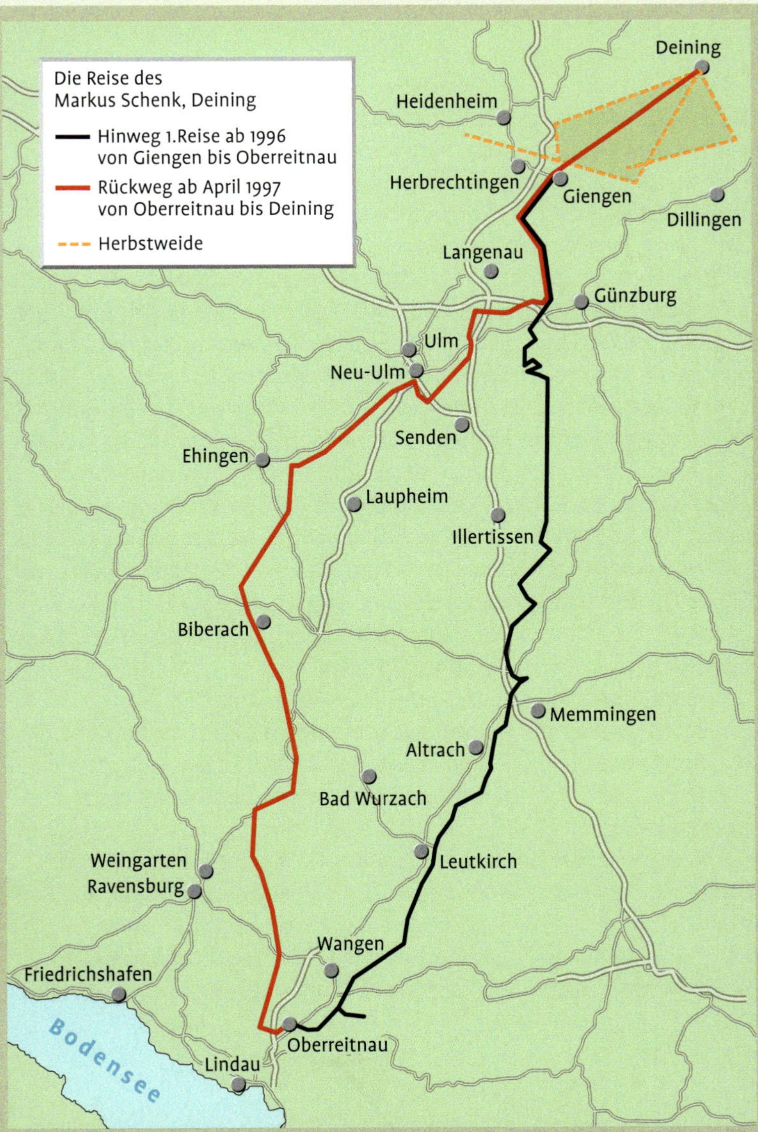

Die Wanderroute von Markus Schenk über Freystadt – Ellingen – Markt Berolzheim – Nördlinger Ries – Amerdingen – Steinheim bei Höchstädt / Don. – Gundremmingen – Günztal – Bibertal – Memmingen – Leutkirch – Landkreis Lindau. Der Rückweg ab 1. April 1998 führte bis Kißlegg, Ankunft am 17. April; danach Verladung der Herde und Rücktransport per Lkw bis Deining.

Die Ursprünge der Wanderweidewirtschaft

Info

Die Wanderschafhaltung hatte einen besonderen Einfluss auf die Kulturlandschaft, denn die Tiere selektieren durch ihr spezifisches Fressverhalten die Pflanzen der Weidelandschaften. Sie trugen die Samen im Fell und den Klauen in andere Gebiete mit und so siedelten sich neue Pflanzenarten an. Die Hirten gestalteten den Verlauf der Wanderwege.

Wildtiere, vor allem aber die Weidetiere, wechseln instinktiv in günstige Gebiete, um dort Nahrung zu finden – es sind natürliche Wanderungen, von denen sie, dem Vegetationszyklus entsprechend wieder zurückkehren. Auch der Mensch ist vom Ursprung her unstet, umherschweifend. Als Jäger und Sammler folgte er den Weidetieren. So gab es, um natürliche Ressourcen zu nutzen, und zwar abhängig von klimatischen, geologischen, geographischen, wirtschaftlichen und auch sozialen Gegebenheiten, von den Anfängen an eine Form der Wanderweidewirtschaft.

Dass der Mensch sesshaft wurde, Feldbau betrieb und Tiere domestizierte, ist das Ergebnis einer schöpferischen Aktivität und gedanklichen Leistung. Die meisten dieser Tiere wurden als Weidetiere genutzt, etwa die paarhufigen Wiederkäuer Schaf, Ziege, Rind, Jak, Ren und Dromedar, wobei die Schafe ausgesprochenen Wandertrieb besitzen. Daraus entstand die Wanderweidewirtschaft, die der Familie die Existenz sicherte.

Transhumanz und Nomadismus

Es existieren zwei Formen, die es ermöglichen, Herden in Nahrungsverhältnisse bringen, die sie fast das ganze Jahr über satt machen, oder zumindest ein Überleben sichern, ohne dass zugefüttert werden muss.

Da ist die uralte Form der **Transhumanz** oder Wanderweidewirtschaft, die älter als der Nomadismus ist. Beim **Nomadismus** zieht der Familienverband mit seinem ganzen Hab und Gut. Bei der Tranhumanz dagegen wandert ein Hirte mit festem Wohnsitz unter großen körperlichen Anstrengungen von der Sommer- auf die Winterweide und zurück, während die Familie auf eigenem Grund und Boden pflanzlichen Anbau betreibt. Bei der Alpwirtschaft sind die Tiere im Sommer in den Bergen, im Winter in den Tälern im Stall.

Transhumanz ist die billigste, oft einzig mögliche Form, eine große Herde durchzubringen, wenn die kleinen, zur Verfügung stehenden Anbauflächen nicht für das nötige Winterfutter ausreichen.

Entwicklung der Wanderschafhaltung

Während die Transhumanz besonders im Nahen Osten, auf dem Balkan und in Südeuropa schon lange eine wichtige Form der Viehhaltung war, entstand sie in Süddeutschland erst im späten Mittelalter. Bis dahin hatte keine Notwendigkeit bestanden, große Herden zu halten. Die Anfänge der Wanderweidewirtschaft in Deutschland liegen im 14. Jahrhundert.

Lange Zeit war Württemberg das einzige mitteleuropäische Territorium, in der die bewegliche Weidewirtschaft stattfand. Die Grafen von Württemberg als Obereigentümer des Grund und Bodens ihrer Bauern erweiterten ihr Schafhaltungsprivileg noch um das sogenannte Landgefährt, das bis 1828 seine Gültigkeit hatte.

Französische Merinoherde auf der Wanderung zu den Sommerweiden in den Südalpen.

Fleisch für Paris

Die Blütezeit der Wanderschäferei fiel in die erste Hälfte des 19. Jahrhunderts, als hunderte von Herden jährlich nach Paris wanderten und Hammel dort am Großmarkt verkauft wurden *(siehe auch Seite 54).*

Im Sommer grasten ihre Schafe auf den Weiden des Landes und zu Winterbeginn wanderten sie zu den über ganz Württemberg verteilten Schafhöfen. Das Landgefährt sicherte die landesherrlichen Weide- und Übertriebsrechte auf dem Grund der Untertanen.

In der zweiten Hälfte des 16. Jahrhunderts wurde die landesherrliche Wanderschäferei bereits von privaten Herdenhaltern übernommen, denn der Württemberger Hof hatte dem Trend der Zeit folgend die Schafhöfe mitsamt dem Recht des Landgefährts in Erbpacht gegeben.

Vor allem im 19. Jahrhundert bildeten sich immer mehr Eigenschäfereien, die im Vollerwerb auf diese Wirtschaftsform übergingen. Sie breitete sich im ganzen süddeutschen Bereich aus, vor allem in Bayern, Rheinland-Pfalz und Südhessen.

Rechte und Gesetze regeln die mobile Weidewirtschaft

Die Durchquerung der Gebiete zwischen den Weiden erforderte Rechte, die in Gesetzen niedergelegt wurden. Die Hirten waren auf feststehende und sichere Triebwege angewiesen, die Ackerbauern und ortsfesten Viehhalter mussten sich darauf verlassen können, dass die Routen eingehalten wurden.

Doch die **Weidekonflikte** zogen sich pausenlos durch die Geschichte der Länder. In Spanien und Süditalien wie auch in Württemberg begünstigten die Gesetze lange Zeit die wandernden Herden, bis mit großen landwirtschaftlichen Umwälzungen notwendigerweise auf die bevölkerungspolitischen Probleme reagiert werden musste. Erst der Transport der Tiere mit der Bahn und dem LKW entschärfte das Problem.

Die Transhumanz findet man heute noch in verschiedenen Bundesländern Deutschlands, mit dem Schwerpunkt in Süddeutschland, aber auch in anderen europäischen Regionen.

Transhumanz in den Nachbarländern

In Süddeutschland wird die Wanderschäferei innerhalb einer ackerbautreibenden Gesellschaft betrieben. Sie ist wie in Spanien, Italien und auf dem Balkan eine echte Transhumanz nördlich der Alpen, weil durch sie für die beweglichen Herden ein Überleben im Winter möglich ist, bei erschwerten Bedingungen spricht man auch von Durchhungern. Dieser Betriebsform kommen die jahreszeitlichen Vegetationsunterschiede der Höhen und Täler und die Grundstücksverhältnisse sehr entgegen. Auf seinen Reisen kann der Wanderschäfer im Herbst und Frühling die Äcker der Bauern pferchen, auf entfernten oder bei hängigen Flächen ist er immer noch willkommen.

2010 – wie in alten Zeiten. Die Ankunft der Herden wird von den Einheimischen und Touristen in den Dörfern Südfrankreichs mit Freude erwartet.

PRIMAGAZ
PRIMAGAZ

Die Hirten auf den Sommerweiden in Frankreich bewohnen recht unterschiedlich ausgestattete Hütten.

Im Süden Frankreichs

Die Schäfer in der Provence sagen, die Transhumanz sei eine ständige Suche nach dem Futter. Transhumanz gibt es in Südfrankreich seit dem Mittelalter. Die bedeutendsten Wanderungen gingen von der Crau in die Südalpen und auf das Vercors. Auch die Seealpen, Pyrenäen und Cevennen waren traditionelle Sommerweidegebiete.

In den französischen Alpen überwiegt zu fast 90 % die aufsteigende Transhumanz, das heißt, die Schafhalter bringen die Schafe auf die Sommerweide.

Sommerweiden

Anfang Juni reisen die Herden auf ihre Hochweiden, die je nach Lage bei 1.200 Metern Höhe beginnen und in der inneralpinen Zone bis auf über 2.000 Meter reichen. An den Sonnenhängen ist das Gras zwar spärlicher, aber nahrhafter als das saftigere und höhere an den Schattenseiten.

Die Hirten leben in einfachen Hütten. Das Essen wurde erst in den letzten Jahrzehnten etwas reichhaltiger, denn auch die hoch gelegenen Dörfer haben jetzt Fremdenverkehr. Der Schäfer kann hier nun besser einkaufen, wenn er sich einmal in der Woche von der Herde entfernt. Diese pfercht er solange oder lässt sie in einem sicheren Gelände allein. Dann steigt er mit dem Esel hinab, um auch Salz für seine Tiere mitzubringen oder einmal wieder mit Leuten reden zu können.

Der Zug

Auf den Triften, den Carraires, waren die Schäfer von wenigen Tagen bis zu drei Wochen unterwegs. Anfang des 19. Jahrhunderts konnte ein Zug, aus verschiedenen Herden bestehend, bis zu 20.000 Schafe betragen.

An der Spitze gingen die glockentragenden Ziegen mit ihren imposanten Hörnern und die Schafböcke, erkenntlich an runden Wollbüscheln, die man bei der Schur auf den Rücken stehen ließ. Die Schafe hatten unterschiedlich gekerbte Ohren und waren an der Seite mit zerlassenem Pech gezeichnet. Eine große Zahl von Eseln trug an jeder Seite Körbe für die Verpflegung, in denen auch neugeborene Lämmer sicher mitreisen konnten. Stattliche Hirtenhunde mit Stachelhalsband, gegen den mörderischen Biss der

Wölfe, liefen bei den fünf bis sechs Schäfern, die jeweils ihre Herde von 500 bis 2.000 Schafe begleiteten.

Die einzelnen Abteilungen nahmen verschiedene Wege. Wenn sie auf einer Straße gemeinsam marschieren mussten, hielten sie genügend Abstand voneinander. Die gesamte Großherde wurde von einem Haupthirten geführt, der die Gutshöfe aufsuchte, die Steuern bezahlte, die angerichteten Schäden beglich und den Feldhütern Geschenke machte.

Die Triften waren bis zu 60 Meter breit und umgingen, um Streitigkeiten zu vermeiden, so gut wie möglich bebaute und bewohnte Landschaften. Nachts lagerte der Zug auf ungenutztem Land, wo es Wasser gab.

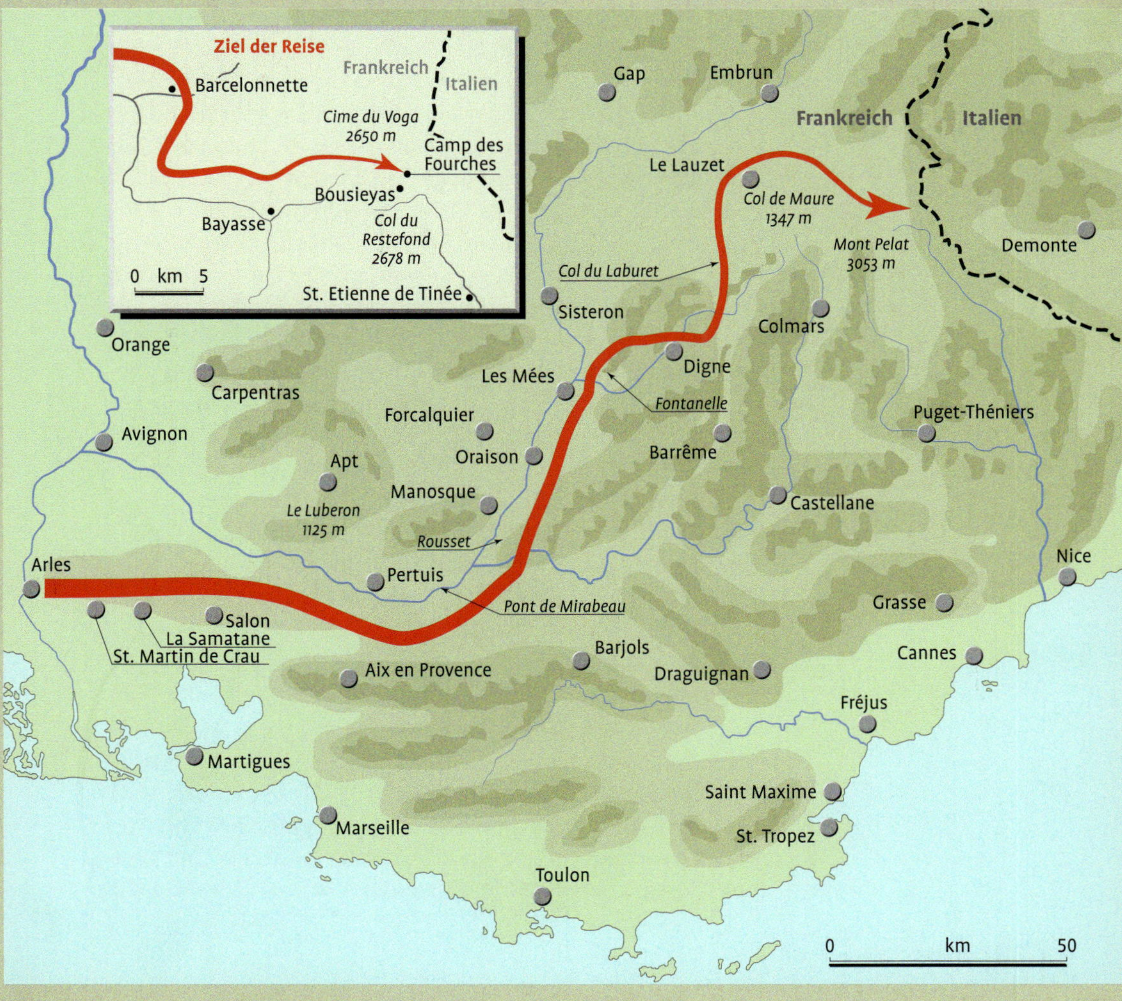

Die traditionellen Wanderwege in den französischen Südalpen. Nach 1951, Transhumance sur la route des alpages. Images En Manœuvres Éditions.

Die LKW-Aufleger können auf drei bis vier Etagen 600 Schafe bei Berg-, und 500 Schafe bei Talfahrt befördern.

Das Ende der ganz großen Herden

Im Mittelalter gab es noch keine Regelung für den Verlauf der Wege. Im Feudalzeitalter jedoch zahlten die Schäfer Durchgangs- und Aufenthaltsgelder. Nach der Revolution waren die Triften wieder frei, doch bereits einige Jahrzehnte später gingen die Besitzverhältnisse durch die Bodenreform an die Gemeinden über. Sie verfügten damit über die Triften und beseitigten sie teilweise.

Die Herdenwanderungen zu Fuß gingen stetig zurück. Die Fremdenverkehrsorte in den Alpen sahen die Schafe nicht mehr gerne, sie fürchteten wegen der Staub- und Geruchsbelästigung um ihre Gäste. Und für die Herden war mit dem stark anwachsenden Verkehr auf den Straßen ein sicheres Treiben nicht mehr möglich.

Nicht mehr zu Fuß
Ab 1878 begann der Transport der Schafe mit der Eisenbahn und später dem LKW.

Die Schafhalter sparten mit dem Eisenbahntransport Kosten, beförderten die Tiere meistens aber nur für den Aufstieg mit dem Zug, weil die Nutzung der Bahn stark von der Tarifpolitik abhing. Nach dem Zweiten Weltkrieg führten enorme Preiserhöhungen bei der Bahn und die Unmöglichkeit, durch die immer dichter werdende Bebauung, die Verladebahnhöfe mit großen Herden zu erreichen, zum Transport der Tiere mit dem LKW.

Im Jahr 1960 bestiegen 87.000 Schafe, 17 % der gesamten Alpentranshumanz, den LKW; 163.000 Schafe (34 %), fuhren noch mit der Bahn und rund 50 % wanderten wie eh und je.

Zehn Jahre später stand der LKW mit 74 % (310.000 Schafe) bereits an erster Stelle. Die Bahn brachte es auf 14 % und nur 12 % der Tiere reisten noch.

Unter günstigen Voraussetzungen dauert das Beladen des LKW-Anhängers in der Ebene eine Stunde, in den Bergen etwas länger. Da der LKW teuer ist und die Transportsaison nur 120 Tage dauert, muss Tag und Nacht gefahren werden. Der LKW-Transport ist schnell, hat aber den Nachteil, dass bei großer Nachfrage Ende Juni, Anfang Juli ein Schafhalter nicht alle seine Schafe gleichzeitig auf die Weide bringen kann.

Auch verkraften die Tiere den plötzlichen Wechsel aus der warmen Ebene in die kühlen Berge, wo vielleicht noch Schnee liegt, nicht immer problemlos. Ein zu Fuß reisender Schäfer kann sich je nach Witterung mit Zwischenweiden über schwierige Zeiten retten und seine Ankunft auf der Sommer- oder Winterweide planen.

Vom Heimathof zum Bestimmungsort und zurück gibt es heute in Südfrankreich praktische keine Transhumanz zu Fuß mehr, die Herden steigen nur noch die letzte unwegsame Strecke auf, um dann für etwa vier Monate ein hoffentlich gutes Leben führen zu können. Im September beginnen manche schon wieder mit dem Abstieg, der für alle bis Mitte Oktober abgeschlossen ist.

Verwandtschaften

In der Crau liegt die Gemeinde Saint-Martin-de-Crau, der die transhumante Schäfereigeschichte viel bedeutet und die sie in ihr Tourismuskonzept eingebaut hat. Durch eine Partnerschaft verbunden ist sie mit der durch die Schäfertradition bekannte süddeutsche Stadt Markgröningen.

Winterweiden

Die Winterweiden der südfranzösischen Wanderschäfer liegen in den Salzsteppen der Camargue, den steppenartigen, vom Mistral geplagten Ebenen der Crau, in der Côte d' Azur mit den Stoppelfeldern, den Garrigues und der Macchia, die durch Beweiden, Abbrennen und Abholzen der Wälder entstanden sind.

Eine Besonderheit sind die von der Durance versorgten Bewässerungswiesen in der Crau mit bestem Futter vor dem Winter, vor allem für die tragenden Mutterschafe, nachdem bereits drei Schnitte feinstes Heu für die edlen Pferderennställe gewonnen wurden. In den abgeernteten Obstplantagen und Weinfeldern finden die absteigenden Schafe ebenfalls Futter, sofern die Besitzer sie dort dulden.

In den Pyrenäen

Während in den Alpen die aufsteigende Transhumanz vorherrscht, überwiegt in den Pyrenäen die absteigende. Die Schafhalter haben ihr zu Hause in den Bergen und hüten die Schafe im Winter in den Ebenen. Bis in die Mitte des 20. Jahrhunderts wanderten die Herden zu Fuß auf Nebenstraßen, weil die alten Triften verfallen waren. Die Strecken waren meist nicht länger als 40 Kilometer. Als Wanderungen, die über 25 km Luftlinie hinausgingen, im Jahre 1970 verboten wurden, gingen die Schafhalter auf den Transport mit Eisenbahn und Lastwagen über.

Im Wappen von Saint-Martin-de Crau spiegelt sich die Schäfereitradition der Stadt.

Ostpyrenäen

In den Ostpyrenäen, den Pyrénées Orientales, liegen die **Sommerweiden** oberhalb der Baumgrenze zwischen 1.700 und 2.400 Metern. Die Weiden gehören zum größten Teil den Gemeinden, sie werden öffentlich an den Meistbietenden versteigert.

Je nach Wirtschaftsweise kommen die Herden zum Teil schon ab April in das Gebirge, wobei sie zuerst die unteren Hänge aufsuchen, der Hauptauftrieb findet im Juni statt.

Die **Winterweiden** für die im Oktober und November absteigenden Herden sind die Weinfelder des Roussillon, die Garrigues und brachliegende Felder. Einst waren die Salzweiden an der Küste sehr begehrt, doch sie wurden für den Anbau von Gemüse und Wein trockengelegt.

Zentralpyrenäen

In den Hautes-Pyrénées überwiegt die absteigende Transhumanz. Um 1970 betrug die Gesamtanzahl der Schafe um die 40.000. Auch hier wurde der Auf- und Abstieg der Herden zu Fuß bewältigt, bis die zunehmende Verkehrsdichte den Transport mit dem LKW unumgänglich machte. Die Eisenbahn spielte hier kaum eine Rolle.

Für die Gemeindeweiden muss Pacht bezahlt werden. Die Forstverwaltung hatte sich für ihre Weiden etwas Besonderes ausgedacht: Der Schäfer, der sie pachtete, half beim Einrichten oder Instandhalten der Wege, eine Tagsarbeit ersparte ihm dabei die Pacht für 20 Weideschafe.

Info

Die Sommerweiden liegen bis zu 2.400 Meter hoch, die Schafe bleiben dort zum Teil unbeaufsichtigt. Der Schafhalter steigt einmal pro Woche hinauf, um zu salzen und die Tiere zu zählen.

Die jetzt immer knapper werdenden **Winterweiden** für die Schafhalter, die im Gebirge zu Hause sind, liegen, wenn irgend möglich, auf den trockenen Plateaus und Hügeln des Vorlandes. Es entwickelten sich drei Systeme des *Überwinterns*:

- Man teilte seine Herde und gab sie auf verschiedene Höfe in Pension, wobei kleinere bis zu 20 Schafe, größer bis zu 60 Schafe aufnahmen. Die Pensionskosten variierten, manchmal gab der Pächter zwei Drittel oder sogar drei Viertel seiner dort geborenen Lämmer ab, manchmal die Hälfte plus Futterkosten. Einige Betriebe wollten auch nur Geld sehen. Die wenig wertvolle Wolle, die vor dem Auftrieb geschoren wurde, behielten die Pensionsbetriebe.
- Einmietung in einen Landwirtschaftsbetrieb. Das geschah in einen Hof mit Rinderhaltung oder in einem aufgelassenen mit viel Weideland. Die Schafherde blieb dabei zusammen und wurde von ihrem Eigentümer gehütet. Seine Pacht oder Miete bezahlte er mit Lämmern oder Bargeld. Er erhielt kostenlose Unterkunft und volle Verpflegung und wenn notwendig, Zusatzfutter für seine Schafe.
- Nachdem mit der Zeit die geschilderten Verhältnisse für manchen Schafhalter zu teuer wurden oder er keine geeigneten Betriebe fand, gab es die dritte Möglichkeit, die sicherlich etwas für sich hatte. Der Schäfer erwarb ein Gehöft, bezog es mit der ganzen Familie und verbrachte so den Winter in der Ebene und den Sommer in den Bergen.

Westpyrenäen

In den Pyrénées Atlantique überwiegt die absteigende Transhumanz. Fast 400.000 Schafe insgesamt zählte man im Jahr 1970 im Département, transhumant waren 160.000. Die **Sommerweiden** befinden sich schon in 600, steigen aber auch bis 2.200 Meter Höhe an.

Die Schafhalter der absteigenden Transhumanz sind, wenn sie die Winterweiden in den Vorlanden befahren, meist nicht weiter als 80 Kilometer von ihren Höfen in den Bergdörfern entfernt, in die sie ab Mai in Staffeln zurückkehren. 20 bis 80 Kilometer legen die Schäfer der aufsteigenden Transhumanz im Mai / Juni zurück, dann haben sie ihre artenreichen Sommerweiden erreicht, die fast alle in Gemeindebesitz sind.

Die Mutterschafe lammen im Herbst ab, und deshalb ist es richtig, dass die Schäfer aus den Bergen in der Ebene einen Hof pachten, auf dem sie sich nach dem Absetzen der Lämmer, bereits mit vier bis sechs Wochen, der Milch- und Käseerzeugung widmen können.

Die Herdengröße betrug selten mehr als 200 Tiere. Gewandert wurde mit den Herden wie in den anderen Pyrenäenteilen bis in die 1960er-Jahre. Als auch hier die Nationalstraßen immer stärker befahren wurden, wich man auf die sichere Eisenbahn aus, die günstige Tarife anbot. Für viele Herden war es besser, bereits nach 1½ Tagen anzukommen, als nach acht bis zehn. Dann verdrängte der LKW den Bahntransport.

Besonderheit

In den Westpyrenäen wird Schafmilch zur Käseherstellung erzeugt, dann erst folgen Fleisch und Wolle. Die Schafe der Rassen Basco-Béarnaise und Manech sind Landschafe, mit ihrer schlichten Wolle für diese Region und Haltung bestens geeignet und ihre Milch ist durch den Weidegang besonders wertvoll.

In Spanien

Die Mauren beherrschten im 8. Jahrhundert fast ganz Spanien, doch noch im selben Jahrhundert setzte von Norden her die Reconquista, die Wiedereroberung ein. Aber erst 1492, als Kolumbus die Neue Welt entdeckte, verließen die letzten besiegten Araber die Halbinsel. In diesem langen Zeitraum, in dem manchmal moslemische und christliche Hirten nebeneinander friedlich ihre Schafe hüteten, entstand durch die militärische, wirtschaftliche, soziale und geographische Lage eine ausgedehnte Wanderweidewirtschaft. Sie prägte das Land nicht nur zu seinem Vorteil.

Im 13. Jahrhundert, als den Mauren nur noch das Emirat Granada blieb, hatte sich aus dem Rittertum ein spanischer Hochadel gebildet. Er erhielt die riesigen zurückeroberten Gebiete als Lehen, die dann in Erbgut übergingen. Der Adel hatte kein Interesse, seine Ländereien zu besiedeln und zu kultivieren, die Gier nach Weideland beherrschte alles. Hatten bis dahin die Mauren und Juden die Landwirtschaft mit einem genialen Bewässerungssystem zu höchster Blüte gebracht, den Handel gefördert und Kunst und Wissenschaft entfaltet, verkamen nun große Teile des Landes zu Flächen, auf denen Millionen von Schafen weideten.

Hirte auf dem Camino in Spanien.

Info

Die edlen Merinoschafe bewegten sich auf breiten, vorgeschriebenen Wegen und hatten das Recht, links und rechts der Triebwege sämtliche Grundstücke abzuweiden, zu Lasten der übrigen Landwirtschaft. Der Ackerbauer wurde verachtet.

Im Rhythmus der Jahreszeiten wanderten riesige Herden von den **Winterweiden** in Andalusien und der Extremadura auf die **Sommerweiden** in die nördlichen, kühleren Regionen.

Hochadel, Klerus und die militärischen Orden verschafften sich leicht zu kontrollierende Einkünfte aus der Wolle der Schafe. Kastilien, das Burgenland, dehnte sich mehr und mehr nach Süden aus, die Schafherden als das bewegliche Gut ließen sich schnell aus den Kampfzonen entfernen oder in den befestigten Anlagen in Sicherheit bringen. Die Einnahmen aus dem Verkauf der konkurrenzlos feinen Wolle in die europäischen Länder wurden zur Finanzierung der Kriege gegen die Mauren und zur Ausrüstung der Schiffe und Expeditionen in die Länder der Neuen Welt gebraucht.

Der Ehrenwerte Rat der Mesta

Um sich die Rechte an dieser Wirtschaftsweise und damit den Einfluss dauerhaft zu sichern, wurde unter dem kastilischen König Alfons X., dem Weisen, im Jahr 1273 der **Honrado Consejo**

de la Mesta gegründet, der Ehrenwerte Rat der Mesta. Die Städte Leon, Segovia, Soria und Cuenca standen an der Spitze der Vereinigung.

Ab dem 16. Jahrhundert übernahm die Krone die Leitung der Mesta, sie verfügte über Erlasse zur Ausweitung der Triften, den Cañadas, vertrieb die Bauern von Flächen, auf denen Herden der Mesta weiden durften, gestattete den Hirten das Fällen von Bäumen. Dies führte zur Zerstörung ganzer Wälder. Die daraus folgende Erosion verhinderte den Getreideanbau, sodass Hungersnöte nicht ausblieben.

Die meisten der in der Mesta organisierten Schafhalter besaßen weit weniger Schafe, wohl nur einige hundert. So zogen zweimal jährlich bis zu 3,5 Millionen Schafe auf ihre Weiden, in der Hauptrichtung Nord-Süd und umgekehrt. Auf diese Herden, hauptsächlich feinwolliger Merinoschafe, richteten sich die begehrlichen Blicke vieler europäischer Staaten. Doch sie mussten sich vorerst mit dem begnügen, was sie hatten, denn die Ausfuhr lebender Merinos war bei Todesstrafe verboten.

Wichtige Herdenbesitzer und Herden im Jahr 1729

Kloster Escorial:
45.000 Schafe mit 225.000 Pfund ungewaschener Wolle,
Kloster Paular:
45.000 Schafe mit 225.000 Pfund Wolle,
Herzog von El Infantado:
27.500 Schafe mit 137.500 Pfund Wolle,
Doña María Catalina de Torres:
25.000 Schafe mit 125.000 Pfund.
Sie alle produzierten „Leoneser Wolle".

Das Ende der Mesta

Die Bevölkerung Spaniens wuchs ab der Mitte des 18. Jahrhunderts kräftig und musste ernährt werden. Dies war nur über den Ackerbau möglich. Die Mesta-Gegner wurden immer mehr. Natürlich leisteten die privilegierten Schafhalter erbitterten Widerstand. Die gleichgültige Einstellung der herrschenden Klasse gegenüber dem Volk förderte soziales Elend. Aufstände wurden niedergeschlagen. Die Hirten, die sich wahrlich nicht immer an ihre Wege hielten, zogen bewaffnet oder sogar unter Begleitschutz durch das Land.

Die Macht der Mesta neigte sich unter dem Druck der Landbesitzer und später dem Einfluss der liberalen Ideen der französischen Revolution ihrem Ende zu. Und nun war die Zeit für den Einkauf dieser sagenhaften Schafe auch für andere Länder gekommen, um sich auf den wachsenden Märkten der Textilindustrie mit der hochfeinen Wolle beteiligen zu können.

Aber unter der riesigen Umweltzerstörung der Mesta litt Spanien noch bis in das 20. Jahrhundert.

Spanien ist heute neben Großbritannien das größte Schafland in Europa mit etwa 20 Millionen Schafen. Die meisten Herden sind ortsfest, die Transhumanz spielte ab Mitte des 20. Jahrhunderts keine Rolle mehr. Doch Jesus Garzon Heydt, ein engagierter Naturschützer, belebte die uralte Tradition in seiner Heimat, und so zog 1993 die erste Herde von 2.000 Schafen mit vier Hirten von Süden nach Norden auf einer der Cañadas, die einen ökologischen Verbund zwischen den erhaltenswerten Weiden und Flächen herstellen sollen.

In Italien

Geographische, klimatische und wirtschaftliche Verhältnisse führten auch hier zu diesem uralten System der Wanderungen, in Süditalien ausgeprägter als im Norden. **Sommerweidegebiete** waren im Apennin. Die **Winterweiden** lagen im westlichen Kampanien und Lukanien, in Apulien und den Marken.

Schon in prähistorischen Zeiten wechselten vermutlich die Wanderhirten ihre Weiden nach Bedarf, und in der Antike schickten die Bergbewohner ihre Tiere in die römischen und apulischen Ebenen.

In Süditalien, während der Normannen-, besonders aber der Stauferherrschaft unter Friedrich II., nahm die Transhumanz einen Aufschwung und erreichte unter den Aragoniern im 15. Jahrhundert ihren absoluten Höhepunkt. Wie in ihrer Heimat Spanien betrachteten diese die Schafzucht als lukrative Einnahmequelle für das Königshaus. Sie brachten zwar auch Merinos ins Land, wobei es ihnen aber nicht auf die Zucht der Tiere, sondern nur auf die Zölle ankam, die sie von den Herdenbesitzern erhoben. So erklärten sie den Tavoliere mit der Hauptstadt Foggia zum Winterweidegebiet, das die Herden allerdings nicht vor dem 30. Oktober aufsuchen durften. Wer dagegen verstieß, fand sich für zehn Jahre auf einer Galeere wieder.

Info

Eine geregelte Organisation der Transhumanz mit bewaffneten Hirten, öffentlichen Triften und Gerichtsbarkeit ließ in der Römerzeit die Viehhaltung zu einem wichtigen Teil der Landwirtschaft werden.

Dies ist ein weiteres Beispiel dafür, wie über finanzielles Gewinnstreben einer Herrschaft durch den Boom auf den europäischen Wollmärkten transhumante Herden gegenüber der übrigen Landwirtschaft begünstigt wurden.

Bereits Ende des 18. Jahrhunderts ging die Schafhaltung in Italien zurück. 1908 gab es nur noch vier feste Tratturi (Wanderwege).

Lombardei und Engadin

Hier existierte die Transhumanz der Bergamaskerherden. Ihre Winterweiden befanden sich bei Bergamo und Mailand, den Sommer verbrachten sie im schweizerischen Engadin. Am Comersee vorbei und über den Berninapass (2.328 m), erreichten im Jahre 1870 beispielsweise zwischen 25.000 und 40.000 Schafe den Kanton Graubünden. Allerdings überstieg der Schaden, den sie anrichteten mit eingeschleppten Seuchen bei weitem den Nutzen aus der Einnahme von Pacht. Die Schweizer Bundesregierung musste scharfe Gesetze erlassen und viele der italienischen Schäfer verloren ihre Existenz.

Info

Die Wolle war in den oberitalienischen Städten von großer Bedeutung. Mailand, Parma, Cremona, Padua, Verona und Vicenza standen für eine florierende Tuchindustrie.

Diese Wanderungen unterlagen straffen Regelungen. Eine Herde, Masseria genannt, bestand aus 2.000 bis 3.000 Schafen, in zehn bis zwölf kleineren Einheiten. Für sie waren 30 bis 35 Pastori verantwortlich, die dem an der Spitze gehenden Oberhirten unterstanden. Er bestimmte über Weideplätze, Aufenthaltsdauer und

Die Cañada Real Conquense von Andalusien nach Aragon wird heute wieder von großen Schafherden bereist. Renate Rast-Kossek und Heinz Haas wanderten im Jahr 2012 einige Tage mit und dokumentierten dies in Bildern und ihrem Film „Transhumancia Conquense".

Verwertung der Milch. Lastpferde, Mulis und Transportkarren für die Pferchnetze und Käsereiausrüstung begleiteten den Zug.

In den Karpaten

Der Balkan- und Karpatenraum mit seiner großen stammlichen und nationalen Vielschichtigkeit war über Jahrhunderte Transhumanzgebiet. Das im 13. Jahrhundert südlich der Karpaten entstandene rumänische Fürstentum wurde von außerhalb als **Walachei** bezeichnet, sich selbst aber nannte dieser Staat Rumänisches Land.

In allen von Rumänen bewohnten Gebieten ist seit dem 13. und 14. Jahrhundert die Transhumanz nachweisbar. Das bedeutendste Zentrum war **Siebenbürgen** oder Transsilvanien, wo noch im letzten Viertel des 19. Jahrhunderts an die 10.000 Hirten mit einer Million Schafe wanderten.

Die Schafhalter hatten Haus, Garten und einen Acker, ihr Vermögen waren die recht großen Herden. Aus dem Becken führten sie ihre Tiere in die Berge des Karpatenbogens und betrieben Sennwirtschaft, im Winter weideten sie in den Aulandschaften links der Donau, in der Moldau und Bessarabien. Dort freuten sich die Bau-

Info

Das Schaf der Walachen gehört mit seinen seitwärts gedrehten Hörnern in die Gruppe der Zackelschafe. Dieses Landschaf ist mittelgroß, mischwollig, ungemein abgehärtet, dient der Milcherzeugung und ist in verschiedenen Formen noch in ganz Südosteuropa verbreitet. Heute kann es nur dank opferbereiter Züchter überleben, denen dieses Schaf am Herzen liegt, das den Menschen früher so viel zum Leben gab.

Auf einem Flohmarkt entdeckt: Rumänischer Schafhirt als Postkartenmotiv.

ern schon auf die Ankunft der Schäfer, bewirteten sie mit Essen und Trinken, um sie für das Pferchen auf den Äckern zu gewinnen. Im Frühjahr jedoch, wenn die Schäfer wieder zurückzogen, fürchteten sie um ihre bestellten Flächen.

Das Volk der Walachen beeinflusste den ganzen Karpatenraum mit seiner Viehzucht, überschritt Ländergrenzen, was zur kulturellen Einheit in der Schafzucht führte. Sie äußerte sich in der Terminologie, Art der Käsezubereitung, Benennung und Funktion der Bauten und sogar in Bräuchen.

Die Walachen siedelten in der Ukraine, Polen, Tschechien und im westlichen Balkan, und überall hielten sie lange an ihrer Tradition der Wanderschäferei fest. In der Slowakei, wo traditionell nur Flachlandschafzucht betrieben wurde, entstand eine Almwirtschaft, die die Hochregionen der Berge nutzte.

Ende des 19. Jahrhunderts wurde auch in Siebenbürgen über die Bodenreform der Ackerbau intensiviert, Grenzen mit Zoll- und Steuerschranken erschwerten die gewohnte Wirtschaftsweise der Wanderschäfer. Heute spielt sie keine große Rolle mehr.

Vom Wildschaf zum Wanderschaf

„Das Schaf ernährt den Menschen, bedeckt denselben mit seiner Wolle und macht dessen Felder fruchtbar. Es ist das schönste Geschenk der Natur."

Lasteyrie, C. P., 1800

Zu Beginn der Bronzezeit (2.200 bis 1.000 v. Chr.) bestimmte auf festen Feldern die Kultur von Emmer, Einkorn, Dinkel, Gerste, Hirse, Erbsen, Ackerbohnen, Lein und Mohn den **Ackerbau**. Fleischlieferanten waren Rind und Schwein, dann Schaf und Ziege. Mit dem Hakenpflug stand den Bauern ein Gerät zur Verfügung, das ihre Arbeit schon wesentlich erleichterte.

In der dann folgenden Klimaverschlechterung, die bis Christi Geburt dauerte, mussten die Menschen Missernten und damit Versorgungsprobleme hinnehmen. Es wurde ein bis zwei Grad kälter als heute. Sie waren gezwungen, ihre Tiere im Winter aufzustallen und eine geringe Vorratswirtschaft zu betreiben. Hatte man bisher, mit wenig Arbeit verbunden, das Vieh extensiv gehalten, so war es nun unumgänglich, sich vermehrt den Tieren zu widmen, ein allererster Schritt des Menschen vom Tiernutzer zum Tierhalter.

Es wäre etwas vermessen zu behaupten, am Schaf könne man einen Teil der Menschheitsgeschichte aufhängen, doch das Zusammenleben von Schaf und Mensch begann vor mehr 11.000 Jahren. Die letzte Eiszeit war vorüber, die Erde erwärmte sich, und im Nahen Osten, im Gebiet des fruchtbaren Halbmondes, wurden Wildschafe zu Hausschafen. Zusammen mit den Ziegen gelten sie als die ersten **Wirtschaftstiere** der Menschen.

Info

Nach Süddeutschland kamen Schafe vor 6.500 Jahren mit bäuerlichen Siedlern aus dem mittleren Donauraum in ein Gebiet, wo es Wildschafe nicht gab und auch noch keine Landwirtschaft. Nach den Verzierungen ihrer Tongefäße nennt man diese Völkerschaft die Bandkeramiker.

Ursprüngliche Schafe

In dieser ersten Welle trugen die kleinen Schafe noch das Kleid ihrer wilden Vorfahren. Sie lieferten Fleisch, Felle, Häute, Sehnen, Därme, Knochen und Horn, einfach alles, was man zur Ernährung, Bekleidung und zur Herstellung von Werkzeugen brauchte. Nachdem bereits im 4. Jahrtausend v. Chr. im Nahen Osten Wollschafe die Menschen mit dem wunderbaren Rohstoff versorgten, kamen diese größeren Schafe mit ihrem mischwolligen Vlies etwa um 3.000 v. Chr. in einer zweiten Welle nach Mitteleuropa.

Info

Das Zaupelschaf lebt heute im Waldschaf fort, das ebenfalls beinahe verschwunden wäre und nur durch großen persönlichen Einsatz und Weitsichtigkeit einiger Schafhalter gerettet wurde.

Zaupelschaf

Die Zaupelschafe waren bis zum 19. Jahrhundert in Süddeutschland noch verbreitet, wie auch in Österreich, Böhmen und Mähren. Der Name soll auf eine hohe Fruchtbarkeit deuten. Das Zaupelschaf war mischwollig, von kleiner, unansehnlicher Gestalt, der Kopf spitz, das Knochengerüst fein aber schwach, der Bauch umfangreich, der Bock trug Hörner.

Die Schafe erfreuten sich keiner ordentlichen oder besonderen Haltung, sie gingen mit Schweinen, Enten und Ziegen auf die Weide. Sie waren eben deshalb wenig leistungsfähig, dafür genügsam. Hervorzuheben ist allerdings ihre Fruchtbarkeit, sie lammten

Zaupelschaf auf einem Stich im Buch „Schafzucht und Wollkunde“ von 1857.

frühzeitig und oft zwei Mal im Jahr, und brachten vielfach Zwillinge. Ihre grobe, meist weiße Wolle wurde zu Strickgarn und Teppichen verarbeitet. Sie lieferten geschlachtet etwa 25 kg und ein wohlschmeckendes Fleisch. Weil räudeanfällig, mussten sie zwei Mal im Jahr geschoren werden.

Die Zeit ihrer Haltung als Nutztier lief ab, als die Wolle zum Wertobjekt aufstieg. Man verbot sie bereits im 15. Jahrhundert, doch so einfach war dies natürlich nicht durchzusetzen, denn in der 7. Landesordnung von 1621 steht nochmals, dass sie alsbald weg getan werden sollten, andernfalls wären 20 Gulden Strafe fällig. Ein Schäfer, der bis ins 17. Jahrhundert noch den Mut aufbrachte und diese Tiere in seiner Herde hatte, wurde Zäupler genannt und überall abgewiesen. Auf der Schwäbischen Alb und in anderen Teilen des Landes durften sie noch bleiben, weil man davon ausging, dass sie da keinen Schaden anrichteten und für die ärmeren Leute noch ihre Berechtigung hatten.

Die Cikta-Schafe sind die direkten Nachkommen von Zaupelschafen, die Anfang den 18. Jahrhunderts mit den Donauschwaben nach Ungarn kamen.

Flämmisches Schaf

Im 15. Jahrhundert existierte bereits eine andere Rasse in Süddeutschland, die flämmischen Schafe. Über ihre Herkunft wird noch gerätselt, es wäre möglich, dass sie aus dem Fläming kommen. Diese Gegend um Magdeburg wurde von den Flamen im 12. Jahrhundert besiedelt. Dort gedieh ein gutes Schaf, das mit seinem weißen, schlichtwolligen und geschlossenen Vlies auch in den Süden Deutschlands kam und das Zaupelschaf verdrängte.
Dazu findet sich ein Hinweis:

„*Gleichwohl hatte schon i. J. 1532 der Frhr. Georg Ludwig von Freyberg zu Öpfingen eine Flämmische Schäferey zu Öpfingen* (Alb-Donau-Kreis) *von 1000 Köpfen, die aber unter den Klagen der Unterthanen und der Mitgutsherrn wieder erlag.*“
(Beschreibung des Oberamts Ehingen / Kapitel A 6)

Ende des 17. Jahrhunderts wird von einem Ankauf einer Rasse aus Flandern durch den Oberstallmeister Levin von Kniestedt berichtet. Die Tiere sollen die Wolle in den Schäfereien vermehrt und die

Qualität verbessert haben. Alsbald aber artete die Wolle nach und nach wieder aus, denn in dieser Zeit befanden sich die meisten Schafe in den Händen von Schäfern und Metzgern, die oft mehr auf Quantität statt auf Qualität achteten.

Wollschafe rücken ins Zentrum

Bereits um 800 v. Chr. brachten die Phönizier feine Wollschafe nach Spanien. Auch unter den Römern genoss die Schafhaltung dort hohen Wert, Rohwolle wurde nach Italien geliefert. Nach der Römerzeit bemühten sich die Westgoten um eine florierende Schafzucht.

Dass bereits im 7. Jahrhundert eine Wanderweidewirtschaft stattfand, ist in einem Gesetz zu lesen, das den Hirten einen ungehinderten Durchzug erlaubte. Als die Mauren im Jahre 711 bei Gibraltar in Spanien landeten und die Westgoten besiegten, erblühte durch ihr Wirken die Land- und Viehwirtschaft auf das Schönste. Aus ihrer Heimat Nordafrika holten sie immer wieder gute Wollschafe, um die Zucht zu verbessern.

Der Begriff Merino soll auf den Berberstamm der Meriniden zurückgehen, die im 12. Jahrhundert nach Spanien kamen und besonders feinwollige Schafe mitbrachten. Mit den ansässigen Tieren entwickelte sich dann die legendäre Rasse, deren Wolle über Jahrhunderte hinweg hohe Erträge erzielte.

In Süddeutschland prägte das Merinoschaf die Wanderschäferei nachhaltig und verhalf ihr zu ihrem hervorragenden Ruf. Doch dieses Schaf war nicht einheimisch und die Entwicklung ging nicht von heute auf morgen.

Info

Mit der Einführung der spanischen Merinos nach Württemberg steuerte die Schafzucht auf eine Entwicklung zu, die als die Epoche des „Goldenen Vlieses“ bezeichnet wurde.

1786: Merinoschafe kommen nach Württemberg

Da schon 1765 spanische Merinos in Sachsen angekommen waren, beschloss Herzog Karl Eugen von Württemberg, diese Rasse ebenfalls einzuführen. Man gründete 1783 eine Schafzuchtverbesserungs-Deputation, die alle nötigen diplomatischen Kontakte mit dem spanischen Königshaus herstellte und auch die praktische Durchführung der Reise plante. Württemberg erhielt nach einigem Hin und Her lediglich die Erlaubnis, 30 Böcke und zehn Mutterschafe einzukaufen. Deshalb beschloss die Deputation, in Roussillon nahe der spanischen Grenze weitere 70 Schafe zu erwerben, die ebenfalls den reinen Merinos zugerechnet wurden.

Die Merino-Expedition

Um sicher zu gehen, auch echtes und gutes Zuchtmaterial zu erhalten, wurden 1785 die Berufsschäfer **Friedrich Gallus** und **Joseph Clapier** nach Montbard in der Bourgogne geschickt, wo sie in der Schäferschule des berühmten Daubenton die Merinos studieren sollten, besonders auf die Qualität ihrer Wolle.

Am 8. Februar 1786 bestiegen zwei Beamte des Herzogs die Kutsche nach Frankreich und Spanien. Es waren der **Kammerrat Wider**, Direktor des Arbeitshauses Ludwigsburg und ausgewiesener Wollfachmann, und sein **Oberscribent Stängel**. Zuerst jedoch „befreiten" sie die beiden Schäfer aus ihrer nicht sonderlich geliebten Schule in Montbard. Sie erreichten Perpignan nach vielerlei misslichen Umständen am 20. März – Reisen in der Kutsche war zu dieser Zeit eine höllische Tortur.

Hier nun blieb einer der Schäfer, der französisch sprechende Waldenser Clapier zurück, um gute Merinos einzukaufen. Die anderen fuhren in Begleitung eines ortskundigen Spaniers weiter nach Barcelona, Saragossa, Madrid und kamen am 23. April in Segovia an. Dort erwartete man ab Mai ungeduldig die Herden aus dem Süden zur Schur. Danach wurden die Schafe mit zerlassenem Pech gezeichnet und sie strebten eiligst weiter auf die gebirgigen Sommerweiden mit den bekömmlichen Gräsern.

Wo sind die Herden?
Die Württemberger hatten unterwegs keine einzige Herde der wandernden Schafe entdeckt und zweifelten bereits am Erfolg der Mission. Doch was sie dann sahen, überstieg ihre Vorstellungskraft bei weitem.

In den spanischen Provinzen Segovia, Soria und Leon existierten riesige Schurhäuser, in denen binnen sechs Wochen Millionen Schafe ihre Wolle verloren. Nebenbei wurde auch kräftig gehandelt.

Die spanischen Schäfer ließen den Tag zuvor die Tiere gut marschieren, sperrten sie über Nacht in ein „Schwitzhaus", um sie dann mit der geschmeidig gewordenen Wolle den Scherern zuzuführen. Bis zu 100 Männer pro Schurhaus verrichteten dort ihre verantwortungsvolle Arbeit, es waren meist arme Bauern aus der Umgebung, die sich über diesen Nebenverdienst freuten.

Der Kauf der Schafe

Der Anführer der württembergischen Delegation, Kammerrat Wider, bekam auf sein Empfehlungsschreiben einen spanischen Bankier zur Seite gestellt, der seinen Gästen aufopfernd mit Rat und Tat zur Seite stand. Er vermittelte den Kontakt zu Herdenbesitzern mit gutem Ruf, die sich auch bereit erklärten, einige ihrer besten Merinos abzugeben. Die Züchter wunderten sich nur über den weiten Weg der Kaufinteressenten für die paar Schafe und ihre vielen Fragen. Sie kamen zu dem Schluss, dass ihnen die Schafzucht wohl noch völlig unbekannt sein müsse.

Nächste Seite:
Die Route der Württemberger Merino-Einkäufer.

Die Reise der
„Merinoschaf-Delegation“ 1786
Hinreise, 08.02. – 22.04.
Übernachtungs- und Aufenthaltsorte
Rückreise, 16.05. – 10.09.
Übernachtungs- und Aufenthaltsorte
Frankreich
Spanien
Béziers, 18./19. März
Narbonne, 20. März
Sigean, 20./21. März
Perpignan 21. bis 24. März
Segovia 23. April bis 15. Mai
Zaragoza, 5./6. April
Alcolea del Pinar, 9./10. Apr.
Ambid, 7./8. Apr.
Fraga, 2./3. April
Gerona, 25./26. März
Madrid 13. bis 21. April
Zaragoza, 2./3. Juni
Fraga, 9./10. Juni
Algora, 24./25. Mai
Barcelona 28. bis 30. März
Madrid, 19./20. Mai
Barcelona 19./20. Juni
Palafolls, 23./24. Juni

Deutschland
Karlsruhe, 9. Feb.
START
Ludwigsburg
8. Februar
Rastatt, 9./10. Feb.
Pforzh.
8/9.Feb
Straßburg
10. bis 15. Feb.
Pfullingen, 8. Sept.
Balingen,
5./6. Sept.
ZIEL
Münsingen
10. Sept.
Colmar, 15./16. Feb.
Montbard
21. bis 26. Feb.
Dijon,
19./20. Feb.
Belfort,
16./17. Feb.
Tuttlingen, 2./3. Sept.
Dijon, 26./27. Feb.
Schaffhausen
29. bis 31. Aug.
Besançon,
18./19. Feb.
Baden, 27. Aug.
Chalon-sur-Saône, 27./28. Feb.
Bern 20. bis 22. Aug.
Murten, 18./19. Aug.
Mácon, 28. Feb./1. März
Lausanne, 15./16. Aug.
Schweiz
Genf, 11./12. Aug.
Lyon 1. bis 11. März
Rumilly, 8./9. Aug.
Chambéry, 7. Aug.
Le Péage-de-Roussillon,
11. bis 12. März
Vinay, 3. Aug.
Valence, 12./13. März
Valence 30. Juli bis 1. Aug.
Montélimar, 13./14. März
Montélimar, 28. Juli
Bagnols-sur-Cèze,
14./15. März
Italien
Nimes, 15./16. März
Bagnols-sur-Céze, 25./26. Juli
Montpellier,
16./17. März
Nimês, 22./23. Juli
Montpellier,
19./20. Juli
Béziers, 15./16. Juli
Perpignan, 2. bis 11. Juli
Figueras, 28./29. Juni

Der Schäfer Gallus und der Kammerrat wählten nun 30 Widder und zehn Mutterschafe nach bestem Gewissen aus, ein Tier kostete 18 Gulden. Von ihrem Können und Wissen hing es nun ab, ob die Schafzucht in Württemberg auf ein hohes Niveau geführt werden könnte.

Ärger gab es jedoch, als die Senõres erfuhren, dass die Schafe die Reise in der Wolle antreten sollten. Das wollten sie nicht zulassen, kein Tier könne die nun beginnende Hitze ungeschoren aushalten. Um den Handel nicht zu gefährden, ließen die Württemberger die Schafe schweren Herzens scheren und die Wolle in die Heimat transportieren. Ein Versuch, nachträglich noch die Einkaufserlaubnis für 20 weitere Schafe zu erhalten, schlug fehl.

Eine besondere Wanderung

Die Schäfer zeichneten ihre Tiere, stellten sie zusammen, bezahlten alle Rechnungen und begannen am 19. Mai 1786 den langen, ungewissen Marsch nach Perpignan – eine kleine Herde, die fünf Männer und die Kutschen.

Ein Helfer kommt

Ihr wohlgesonnener Bankier hatte ihnen noch schnell einen deutschen Kriegsveteranen vermittelt, der als Marketender spanische Truppen begleitet hatte und deshalb die Wege gut kannte.

In der sengenden Hitze fanden die Tiere auf den staubigen Wegen nur ein dürftiges Auskommen und wenig Wasser. Meist reiste man in den Morgen- und Abendstunden und hatte dabei Angst vor dem starken, scharfen Tau, der andererseits doch wieder etwas zu Feuchtigkeit verhalf. Weil die spanischen Bauern den fremden Schäfern feindlich gesinnt waren, fanden sie ihr Bett meistens neben ihrer kostbaren Herde. Doch sie meisterten alle Strapazen, überstanden ein Gewitter mit Hagel von unvorstellbarer Gewalt, stellten sich sogar Schmugglern, die sie überfallen wollten.

Mühsal und Schafverluste

Nach Madrid, Saragossa, Fraga, Barcelona und Gerona durchquerten sie am 1. Juli die Pyrenäen, wateten mit Hilfe von Schiffsleuten durch den Fluss Tech und kamen am 2. Juli in Perpignan an. Erschöpft, vom Fieber befallen und in den Seelen erschüttert, denn drei ihrer stolzen Widder waren an Erschöpfung gestorben. Aber die übrigen Schafe hatten sich ziemlich gut gehalten. In einem Brief an die Deputation in Stuttgart wunderten sich die Schäfer, dass die Mutterschafe besser marschiert waren als die Widder.

Der Waldenser Clapier hatte hier im Roussillon seine Herde eingekauft, die allerdings in der Wollqualität nicht an die spanischen Tiere heranreichte, und ihm waren bereits vier Schafe eingegangen. Auch diese Schafe wurden geschoren und gezeichnet, sodass die kommenden Lämmer genau zugeordnet werden konnten, denn alle Mutterschafe waren jetzt gedeckt.

Der Kammerrat Wider, ein älterer, von der Hitze geschundener Herr, fuhr mit der Kutsche direkt nach Hause, sodass sein Oberscribent Stängel die Herde führte. Sie bestand ab Perpignan aus 27 Widdern und zehn Mutterschafen spanischer sowie 49 Widdern und 21 Mutterschafen roussillonischer Herkunft. Alle zusammen hatten 1.601 Gulden gekostet.

Am 11. Juli 1786 frühmorgens also erhob sich die Herde. Man beschloss, über Narbonne, Montpellier und Nîmes zur Rhône zu wandern, auf Wegen, die später Hauptstraßen wurden oder sogar Autobahnen. Da ihr treuer deutscher Begleiter sie in Perpignan verlassen hatte, mussten sie neue ortskundige Führer mieten, die über die Wege und landwirtschaftlichen Verhältnisse Bescheid wussten und für Futterflächen sorgen konnten. Im Gegensatz zu Spanien war in Frankreich alles wohlbebaut und die Bauern schauten aufmerksam auf die Fremden.

Sie überquerten ohne Probleme und guter Dinge die Rhône in Pont-Saint-Esprit am 26. Juli und wanderten am linken Ufer aufwärts bis Valence. Die Verhältnisse wurden besser, besonders als sie nun am rechten Ufer der Isère Chambéry, der Hauptstadt von Savoyen, zustrebten. Die Schafe erholten sich zusehends, fanden gutes Futter und reichlich Wasser, und die Schäfer erfreute ihr Anblick. Zwei Tiere waren trotzdem noch gestorben, ein drittes brach sich kurz vor der deutschen Grenze in Schneisingen ein Bein und wurde an einen Metzger verkauft.

„… Euer herzoglichen Durchlaucht sollte ich in Untertänigkeit melden, dass ich heute vormittag mit denen mir gnädigst anvertrauten Schafen allhier Gott sei Dank glücklich angekommen bin …“

aus einem Brief Stängels an Herzog Karl Eugen von Württemberg

Die Ankunft der Merinos auf der Schwäbischen Alb

Die kleinen Wiederkäuer trippelten nun eilig weiter, erreichten Genf am 11., Bern am 20. und Schaffhausen am 30. August. Hier kleidete der Oberscribent seine beiden etwas zerlumpt aussehenden Schäfer neu ein. Über Hattingen, Tuttlingen, Balingen, Gomaringen kam die wertvolle Herde mit ihren tapferen Begleitern am 10. September in Münsingen an.

Von Segovia bis Münsingen sind es, so wie die Schäfer gewandert waren, etwa 2.000 Kilometer. In knapp vier Monaten schafften sie die Reise unter oft schlimmen Verhältnissen. Man kann ihre Leistung kaum genügend würdigen. Aber es hatte sich gelohnt, denn nach drei Jahrzehnten erzielte die Wolle der spanischen Schafe auch in Württemberg höchste Preise. Und letztendlich wurde der Keim gelegt zur Zucht des Merinolandschafes.

Alles in allem kostete dieses Unternehmen 12.000 Gulden. Der Herzog hatte kein Geld, deshalb finanzierten es die Landstände von Württemberg.

Die Rasse Merinolandschaf entsteht

Von Anfang war bestimmt, die wertvollen Widder an interessierte Schäfereien auszuleihen, was dann auch geschah. Doch nur Adelige oder Großgrundbesitzer waren vorerst in der Lage, das Potenzial der Merinos auszuschöpfen. Erst als Anfang des 19. Jahrhunderts die Wolle auf den in Württemberg neu eingerichteten reinen Wollmärkten wie Heilbronn (1818), Kirchheim/Teck (1819), Göppingen und anderen hoch gehandelt wurde, stieg die Nachfrage nach den Merinos.

Auch die Kreuzung Merino x Landschafe nahm ihren Lauf, sodass schon im Jahre 1810 neben den 360.000 Landschafen und 60.000 reinrassigen Merinos bereits 105.000 Kreuzungsschafe gezählt wurden. Ganz anders sah es dann 1847 aus: die Kreuzungsschafe der unterschiedlichsten Stufen der Veredelung kamen auf 390.000, die Landschafe noch auf 136.000, die Merinos auf 75.000 Stück.

Stich eines Rambouillet-Bocks aus dem Buch „Mentzel´s Schafzucht“ von 1892.

Die Zucht in Württemberg

Der Wanderschäfer braucht ein Schaf, das marsch- und pferchfähig ist, mit guter, aber nicht ins Extreme gehender Wollfeinheit für die Tuchindustrie, ordentlichem Fleischansatz und besten Muttereigenschaften. Wird bei den Tieren auf ein einziges Kriterium hin gezüchtet, leiden die anderen. Das Schaf aber musste vielseitig sein.

Züchterisch hatte man in Hohenheim viel experimentiert und gelernt. Im Jahr 1855 erstand das Institut 52 Mutterschafe und einen Bock aus den besten Schäfereien des Landes. 1856 kam ein Rambouillet-Bock dazu, der für die Ausgeglichenheit der Bastardwolle sorgte.

Schon wenige Jahre später setzte aus dem Land die Nachfrage nach Böcken aus dieser Herde ein. Die deutschen Schafe verschwanden, ebenso die reinrassigen Merinos, 1892 gab es von diesen nur noch 522 Stück.

Dieses Bastardschaf – welch unschöner Name – hatte einen ausreichenden Schlachtkörper und Wolle, die geeignet für die Tuch- und Kammwollfabrikation war. Es dauerte nur noch wenige Jahrzehnte, bis sich dieses Schaf durch seine beständigen Qualitäten durchgesetzt hatte. Noch heute dominiert es die Schafhaltung in Süddeutschland, trotz der Konkurrenz der Fleischschafrassen, die einige Vorteile gegenüber dem Merinolandschaf besitzen.

Anerkennung der Rasse

Im Jahr 1915 bewarb sich Hohenheim nach Aufforderung der Deutschen Landwirtschafts-Gesellschaft (DLG) um die Anerkennung zur Stammzucht. Die zunehmende Bedeutung der Schafzucht während des Kriegs und das Ausbleiben guter ausländischer Zuchttiere waren für die DLG wichtige Gründe, die Landwirtschaftliche Akademie, die auf Wanderausstellungen immer gut abgeschnitten hatte, zu diesem Schritt zu bewegen.

Und nochmals wurde hervorgehoben, dass die Schafzucht in Hohenheim zur Veredelung und Belehrung der Schäfereien im Lande dienen müsse.

Am 10. November 1915 kam die Kommission der DLG zu folgendem Ergebnis: *„Die württembergischen Schafe in Hohenheim sind durchaus konsolidiert und der Anerkennung würdig. Deshalb auch ist für sie die Bezeichnung „Württembergisches veredeltes Landschaf“ gewählt worden.“*

Die Namensentwicklung des Merinolandschafes

(nach H. Doehner in der Süddeutschen Schäfereizeitung Nr.20/1952)

1887 zur 1. DLG-Ausstellung: Schwäbisches oder Württembergisches Bastardschaf, auch süddeutsches, weißköpfiges Schaf

1889 Württembergisches Bastardschaf in: a) Feinbastard – Wollsortiment B, b) Raubastard in Wollsortiment C

1906 erstmals Merinolandschaf in der Gruppe der Landschafe
1912 Württembergisches Landschaf oder veredeltes Württembergisches Landschaf
1922 weißköpfiges Württembergisches veredeltes Landschaf: a) feiner Typ, b) grober Typ
1924 veredeltes Württembergisches Landschaf:
Zuchtziel I – gleiche Berücksichtigung von Fleisch und Wolle = Wollfeinheit AB
Zuchtziel II – besondere Berücksichtigung von Fleisch = Wollfeinheit BC
1934 Deutsches veredeltes Landschaf = Wollfeinheit AB
1950 Merinolandschaf.

Info

Seit 1926 wird diese neue Rasse durch die Verbände Baden, Bayern und Württemberg nach völlig gleichen Grundsätzen und Verfahren gezüchtet mit dem Erfolg, dass eine völlige Vereinheitlichung der gesamten Rasse in Wollfeinheit und Körper erzielt werden konnte.

Für die süddeutschen Landesschafzuchtverbände war es nach dem Ersten Weltkrieg das Ziel, eine wirtschaftliche und leistungsfähige Schafrasse zu züchten. Nach Zuchtleiter Dr. Assel, München, bedeutete im Jahr 1919 für Süddeutschland die Rassenfrage geradezu eine Lebensfrage, um sich der Konkurrenz des Wollmarktes stellen zu können.

An Stelle der großen Verschiedenartigkeit der Schläge mit ihren Untergruppierungen sollte ein einheitlicher Typ, ein „Süddeutsches veredeltes Landschaf“ geschaffen werden, wie es in Bayern und dem übrigen Süddeutschland durch Zuchtwahl aus dem Württemberger Schaf und dem veredelten Frankenschaf gezüchtet werden konnte.

In Bayern

- Für die bayerische Landesschafzucht war es das Ziel, ein Schaf zu züchten, das widerstandsfähig und abgehärtet ist,
- den Anstrengungen des Wanderschäfereibetriebes gewachsen ist,
- Trockenzeiten mit kümmerlicher Weide ohne Schaden erträgt,
- auf guter Weide leicht mastfähig ist,
- schmackhaftes Fleisch liefert,
- bei der Haltungsweise noch eine hohe Fruchtbarkeit aufweist und
- bei hohem Schurgewicht eine kräftige, lang abgewachsene Wolle in B-Feinheit erzeugt.

Diese Anforderungen erfüllte das veredelte Württembergische Landschaf. Im Rahmen der Verdrängungskreuzung mit Böcken des Württemberger Schafes ging das Frankenschaf restlos im „Deutschen veredelten Landschaf“ auf. Trotzdem blieben seine guten Eigenschaften wie Härte, Genügsamkeit und Gängigkeit im Deutschen veredelten Landschaf erhalten.

Merinoschafherde um 1925 in Lauterbrunn (von Juliane Hitzler, Bild ihres Urgroßvaters).

Die Vorausschau der Zuchtleiter und Züchter sowie die Erkenntnisse zur notwendigen Anpassung der Zuchtziele an die sich wandelnden Markterfordernisse werden auch durch die mehrmals geänderte Rassebezeichnung des Merinolandschafes dokumentiert. Bis 1935 wurde es bekanntlich als „Württemberger Schaf“ bezeichnet. Die Änderung in „Deutsches veredeltes Landschaf“ erfolgte 1935 für alle süddeutschen Verbände einheitlich, nachdem sich diese Rasse in ganz Süddeutschland durchgesetzt hatte.

Erst bei der ersten DLG-Schau nach dem Zweiten Weltkrieg in Frankfurt 1950 gelang es Dr. Hans Oskar Diener, dem damaligen Zuchtleiter in Bayern, die Rassebezeichnung „Merinolandschaf“ durchzusetzen, denn die ausländischen Interessenten konnten mit der alten Bezeichnung nichts anfangen, wohl aber mit „Merinoschaf“ und „Merinowolle“.

In den Jahrzehnten vor und besonders nach dem Zweiten Weltkrieg sind gewaltige Fortschritte hinsichtlich Körperform und Typentwicklung dieser Schafe zu verzeichnen. Während der 200-jährigen Zuchtarbeit ist es gelungen, den Charakter der weltbekannten

Info

Das Merinolandschaf wird heute als häufigste Schafrasse in Deutschland mit einem Anteil von über 30 % am Gesamtschafbestand gehalten. In Baden-Württemberg besteht der Bestand nach Schätzung zu 75 %, in Bayern zu 64 % aus dieser Rasse.

Typvolle Merinoherde in bester Kondition. Alle Köpfe am Boden, für den Schäfer ein gutes Zeichen!

Merinowolle mit den geringen Haltungsansprüchen der Landschafe genetisch zu kombinieren und zu festigen.

Doch durch die Liberalisierung des Wollmarktes ab 1950 fielen die Wollpreise rapide, die Fleischpreise dagegen verbesserten sich. Das Zuchtziel änderte sich, es wurde eine rasche und tiefgreifende Typumstellung zum Zweinutzungsschaf, einem sogenannten Wirtschaftstyp notwendig. Gefordert wurde ein tiefes, gut bemuskeltes Schaf mit hoher Mast- und Schlachtleistung.

Ein Merinolandschafbetrieb heute – Die Wanderschäferei Harald Höfel/Ralf Braun

Ihre Heimat ist Meßstetten-Heinstetten im Zollernalbkreis. Harald Höfel lernte beim Schäfermeister Hermann Gulde im badischen Buggensegel nahe Salem am Bodensee. Mit 400 Mutterschafen und vorerst einem Wohnwagen als zu Hause machte er sich 1986 auf dem Großen Heuberg selbstständig, dem wohl rauesten Gebiet auf der Schwäbischen Alb. Es ist ein uraltes Schäferland. Manche Gemeinden liegen in über 900 Meter Höhe. Der Truppenübungsplatz, der seit 1910 besteht, ist für die Schäfer von Mai bis Oktober eine gute, sichere Sommerweide, wenn auch die Pachtverträge mit der Bundeswehr Risikoverträge sind.

2010 gründeten Harald Höfel und Ralf Braun eine GbR, eine Gesellschaft bürgerlichen Rechts von mindestens zwei Gesellschaftern mit der Verpflichtung zu einem gemeinsamen Zweck. Schon immer war Ralf Braun von der Schäferei fasziniert. Nach einer Ausbildung zum CNC-Mechaniker erfüllte er sich nun einen Lebenstraum und es gab bisher nur wenige Augenblicke, in denen er sich fragte: *„Muss ich mir das antun?“* Und diese bezogen sich nicht auf die Arbeit mit den Tieren oder das Wetter, sondern auf die Widrigkeiten einiger weniger Menschen.

Beide Schäfer werden von ihren Ehefrauen Christine Höfel und Nadja Braun unterstützt. Ralf verantwortet die praktische Seite der Schafhaltung, Harald und Christine kümmern sich um die Vermarktung. Nadja hilft mit und erledigt die Buchhaltung. In Arbeitsspitzen stehen Freunde und Aushilfskräfte bereit, ohne die der Betrieb schwerlich bewältigt werden könnte.

Bonmot

Die Bundeswehrsoldaten sagten über diesen Militärstandort fast schon liebevoll:
„Der härteste Winter, den ich je erlebt habe, war der Sommer in Stetten am kalten Markt.“

So naturnah wie möglich

Der Betrieb legt großen Wert auf natürliche Haltung. Die Schafe werden während der Stallperiode (Schur, Ablammzeit) ausschließlich mit Gras gefüttert. Das heißt mit Heu, Silage und Grünmehlpellets. Die Lämmer, die im Herbst noch nicht schlachtreif sind, kommen während einer vier- bis sechswöchigen Stallzeit ebenfalls mit Grünmehl oder Luzernepellets auf ihr Endgewicht. Diese Art der Fütterung gibt dem Lammfleisch eine besondere Geschmacksnote.

Man impft nicht so oft und behandelt die Tiere mit Medikamenten nur, wenn es unbedingt sein muss. Stattdessen werden vorbeugende Gaben von Mineralien eingesetzt, gute Erfahrungen hat man auch mit homöopathischen Behandlungen und EM (Effektive Mikroorganismen) gemacht. Die Schäfer akzeptieren, dass bei einer naturnahen und artgerechten Haltung eine natürliche Auslese stattfindet. Auf dem Hof leben noch Altdeutsche Schäferhunde, auch Esel, Ziegen, Hühner, Katzen und ein Pony.

Die Schäferei unterhält einen Internetversand mit Produkten ihrer Lämmer und Schafe. Längerfristig denkt man an einen Hofladen, doch dazu müssen noch manche Dinge bedacht und mit spitzer Feder gerechnet werden. Ihre Wolle, deren Charakter und Feinheit sie trotz allem nicht aus den Augen verlieren, wird ihnen von einem Betrieb abgenommen, der sie zwar zum Waschen nach Belgien schickt, doch die Weiterverarbeitung zu Qualitätstextilien findet ausschließlich im Lande statt.

Schafschur zum Anschauen

Die Schafherde umfasst rund 750 Mutterschafe. Vor Mitte April kommen die Schafe von der Winterweide zurück auf den Hof. Wenn alle trocken sind, werden sie geschoren. Seit einigen Jahren lädt der Hof zur Schur ein: Jeder kann zuschauen, wie die Profis der Schurkolonne den Tieren aus der Wolle helfen. Die geschorenen Schafe bleiben vorerst

Wanderschäfer der heutigen Zeit sind oft auch im Internet präsent. Auf der Homepage von Höfel und Braun lässt sich Einiges entdecken. Wer möchte, kann mit den Schäfern auch ein Stück wandern.

noch im Stall und werden mit Heu, Silage und Pellets gefüttert, ausschließlicher Weidegang ist zu dieser Zeit nicht möglich. Nach etwa drei bis vier Wochen setzt die Lammzeit ein, die jeden voll fordert. Stress mit Schlafmangel, aber auch Freude und Befriedigung gehören einfach dazu.

Wandern in der heutigen Zeit

Dann geht es Zug um Zug auf die Sommerweide. Die Schäferei besitzt 250 ha Fläche auf dem Truppenübungsplatz und gewinnt hier auch zu 70% ihr Winterfutter. Einige Arbeiten werden an mit großem und modernem Gerät ausgerüstete Landwirte vergeben.

Zum 1. Oktober verlassen die Schafe den Platz und gehen auf die Herbstweide. Die gesamten in Frage kommenden Flächen der Gemarkungen von Heinstetten und Nusplingen sind gepachtet, es ist immer reichlich Aufwuchs vorhanden, den die Landwirte den Schäfern gerne überlassen. Zwei Monate bleibt die Herde im Durchschnitt hier, dann wird es langsam Zeit, die Reise in die milde Landschaft des Bodensees anzutreten. Nun steigen um die 750 Mutterschafe, 140 Lämmer, 8 bis 10 Böcke und einige Ziegen hinab in das selbst im Nebel noch idyllische Donautal, überqueren bei Neidingen den jungen Fluss und mühen sich wieder in die Höhe.

Die Winterweide um Überlingen und Friedrichshafen, wo es weniger Eis- und Frosttage gibt, haben sie von der Gemeinde gepachtet. Wie die Fläche abgehütet und wo gepfercht wird, machen die Schäfer mit den Landwirten vor Ort aus. Es hat sich ein auf gegenseitiges Verständnis beruhendes Verfahren entwickelt, das seit Jahren besteht. Von Jahr zu Jahr wird der Vertrag einfach verlängert. Am 15. März verlässt der Schäfer die Winterweide und ist nach gut drei Wochen wieder auf dem Hof.

Info

Die Wanderung bereitet kaum Probleme, die Landwirte warten zum Teil schon auf den Schäfer, um den letzten Bewuchs auf den Wiesen loszuwerden, mit dem sie selbst nichts mehr anfangen konnten.

Immer zurück zur Familie

Das System, das die beiden Schäfer in der Zeit der Wanderschaft und auf der Winterweide bevorzugen, ist auf die Familie ausgerichtet und praktikabel. Der Hirte fährt jeden Tag zur Herde und zurück. Wenn die Schafe bei Friedrichshafen sind, kann das schon 160 Kilometer am Tag bedeuten und belastet die Kasse. Dafür haben sie acht Monate lang die Sommer- und Herbstweiden in unmittelbarer Nähe.

Sie hüten ihre Schafe satt und stecken mit sechs oder mehr Netzen den Pferch großzügig. In seltenen Fällen, etwa bei heftigen Schneefällen bringt ihnen ein Landwirt Heu in Rundballen zur Zufütterung. Und wenn sie am nächsten Morgen den Pferch so antreffen, wie sie ihn am Abend vorher verlassen haben, ist ihnen leichter ums Herz – das geben sie gerne zu.

Die Entstehung der Wanderschäferei in Süddeutschland

In der Römerzeit bestand entlang des Rheins und südlich der Donau eine hocheffiziente Landwirtschaft, die durch planvolle Pflanzen- und Tierzucht viele tausende Soldaten versorgen musste. Das freie Germanien wäre dazu niemals in der Lage gewesen. Ihre wenig produktive Tierhaltung, von Zucht kann keine Rede sein, schaffte immerhin eine natürliche Selektion widerstandsfähiger Tiere für die kalte Jahreszeit. Es reichte für das Auskommen. Die Haustiere überließ man weitgehend sich selbst, Ernährung und Reproduktion klappten einigermaßen, nur Kontrolle und Schutz erforderten etwas Mühe. Die Germanen kannten und betrieben auch die wilde Feldgraswirtschaft.

Noch war der Bevölkerungsdruck nicht so stark, dass eine intensivere Wirtschaftsweise nötig gewesen wäre. Dazu hätten Wiesen angelegt werden müssen, doch man kannte nur die Sichel. Erst in spätrömischer Zeit kam die Hausense auf, die Mähsense noch später.

Hochmittelalter

In der Karolingerzeit bestand markgenossenschaftliche Schafhaltung auf der Allmende und sogar jeder, der drei „Hufen" hatte, das waren etwa 100 Ar und die Wismat (Mähwiese), durfte einen Schafhirten haben. Jetzt war eine **Wiesenkultur** vorhanden, mit der Hausense zum Mähen. Bis zum Hochmittelalter brauchten die schafbesitzenden Bauern ihre Tiere nur zur Selbstversorgung zu halten und mit den Produkten die Naturalabgaben zu leisten.

Durch die **Dreifelderwirtschaft** hatte sich ein neues Anbausystem herausgebildet, von dem auch die Tierhaltung profitierte, denn auf der Brache fanden die Wiederkäuer meist ein sicheres Auskommen. Gleichzeitig verhalfen sie den Äckern mit den Winterfrüchten Roggen, Weizen, Gerste und der Sommerfrucht Hafer zur optimalen Düngung, die in Anbetracht der zunehmenden Bevölkerung für eine Steigerung des Getreideertrags sorgte. Diese Zeit wird mit dem Begriff **Vergetreidung** beschrieben.

Weil Flächen zu Ackerland umgebrochen wurden, ging die Tierhaltung zurück, auch verloren die Schweine zunehmend ihre Waldweide. Es kam weniger Dünger auf die Felder, die Erträge stagnierten und Ernährungskrisen stellten sich ein.

Spätmittelalter

In dieser Zeit, 13. bis 16. Jahrhundert, kam es zu einer Reextensivierung der Landwirtschaft. Missernten durch Witterungseinflüsse führten zu Hungerkrisen, die Pestepedemien ließen die Bevölkerung erheblich schwinden. Das Verhältnis Aussaat-Ernte betrug etwa 1 zu 3, das heißt, in schwierigen Zeiten nach mehreren schlechten Ernten war ein Teil des Saatguts für die nächste Ernte aufgegessen.

Gesunde Lämmer sind verspielt und klettern gerne.

Ein Wüstungsprozess war die Folge, der noch verstärkt wurde, weil viele Menschen in die Städte zogen. Wiederkäuer eroberten sich ihre Weiden wieder zurück, der Fleischverbrauch stieg auf bis zu 100 kg pro Kopf und Jahr – heute beträgt er etwa 90 kg. Im Umfeld der Städte war gleichzeitig eine Intensivierung der Landwirtschaft festzustellen.

Planmäßige Schafhaltung beginnt

Das 12. und 13. Jahrhundert sind die Epochen der Städtegründungen mit der Ausbildung des Handwerks in Zünften und der Arbeitsteilung. Naturalwirtschaft ging in Geldwirtschaft über. Die Bevölkerung wuchs, die Städte mussten mit Erzeugnissen aus der Landwirtschaft versorgt werden.

Den Anstoß zur Steigerung der Schafzucht, vor allem der Wollgewinnung wegen, gaben die ökonomisch eingestellten Zisterzienser im 12. Jahrhundert. Wie ihre Brüder in Schottland, die ebenfalls Qualitätswolle erzeugten, setzten sie auf Viehzucht. Die landwirtschaftliche Arbeit machten die Laienbrüder (Konversen). Sie lebten im Kloster, nahmen zwar an den Gebeten teil, hatten aber sonst wenig oder nichts zu sagen.

Info

Das Kloster Bebenhausen erhielt von den Staufern das Weiderecht im Schönbuch. Durch den Erwerb von Höfen und Gütern kamen sie an umfangreiche Wiesen für die Schafe.

Wollhandwerk in den Städten

Dort etablierten sich die Gewerbe der Weber, Walker, Färber, die in den ältesten Zünften zusammengeschlossen waren. Wolle wurde Wertobjekt. So bedeutete die Abwanderung der Menschen in die Städte einen Aufschwung für die Schafhaltung, durch die leer gewordenen Flächen auf dem Land.

Das Tuchmachergewerbe erreichte einen Höhepunkt. Entscheidend war die Arbeitsteilung in Weber, Wollschläger, Färber, Walker, Tuchscherer. Die Leinenweberei blieb vorerst noch im häuslichen Bereich. Bis 1400 gab es namhafte Wollweberzünfte in Nürnberg, Nördlingen, Dinkelsbühl, Mainz, Speyer, Trier, Heilbronn, Esslingen, Tübingen, Göppingen, Kirchheim / Teck, Wildberg, Calw, Pforzheim, Balingen, Reutlingen, Freiburg, Straßburg, Basel, Zürich, Bern.

Wo es ging, versorgten sich die Handwerker mit Wolle bei örtlichen Schafhaltern. Diese waren der Nachfrage oft

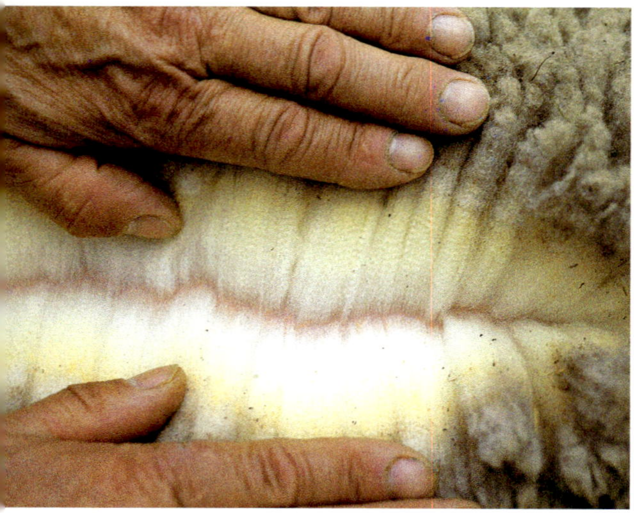

Merinowolle ist eine wertvolle und feine natürliche Faser.

nicht gewachsen. Und mit dem steigenden Bedarf kam auch der Wunsch nach besserer Qualität auf.

Herrschaftliche Rechte

Durch die positive wirtschaftliche Entwicklung sahen sich Herrschaft und Klöster im Besitz eines alten Rechts durch Herkommen (Überlieferung), das ihnen besondere Schäfereirechte sicherte, Schäfereigerechtigkeit genannt. Diese erlaubte mit dem Übertriebsrecht die Wiesen der Untertanen zu beweiden und mit dem „Landgefährt" von den Winterställen zur Sommerweide und zurück zu reisen. Das führte zwangsläufig zu größeren Herden, die an keine Stückzahl gebunden waren.

Zwar bestand weiterhin eine bäuerliche Schafhaltung, die älteste schäferliche Wirtschaftsform mit dem Gemeindehirten, der die Tiere auf der Brache und der Allmende hütete. Es war geregelt, wie viele Schafe jeder entsprechend seinem landwirtschaftlichen Besitz halten durfte, besser gesagt, wie viele er überwintern konnte. Großbauern durften einen eigenen Hirten halten.

Im 15. Jahrhundert bereits besaßen die Grafen und späteren Herzöge von Württemberg die größten Herden im Land. 1442 beispielsweise gingen die Schafe von 16 ihrer Höfe während der Vegetation auf die Weiden der Untertanen. Abends kehrten sie zu den wenigen eigenen Flächen zurück, um sie zu düngen, denn dort konnten weder Rinder gehalten noch Winterfutter gewonnen werden.

Politische Wirren

Der Überfall des württembergischen Herzogs Ulrichs auf die Reichsstadt Reutlingen 1519 führte zu seiner Vertreibung, 1534 kam er in sein Land zurück. Große Unordnung war in den Wirren des Bauernkriegs entstanden, Gemeinden und Private hielten soviel Schafe, wie sie wollten und weideten sie auch, wo sie konnten.

Des Herzogs neue Schafordnung begrenzte die Zahl der Tiere, ein vereidigter Gemeindeschäfer und ein „Pförchmeister" kümmerten sich um die Einhaltung der neuen Gesetze und den Zustand der Schafe. Herzog Ulrich erließ 1539, dass denjenigen, die nicht von alters her Schafe hielten, dies nur noch mit Zustimmung der Herrschaft erlaubt wurde. In der Landesordnung von 1621 wurde es erneut bekräftigt, andernfalls drohten zehn Gulden Strafe. Außerdem musste der herrschaftliche Zuzug auf die Brache gewährleistet bleiben.

Die Geburt der privaten Wanderschäferei in Württemberg

1590 wurden die herrschaftlichen Schäfereien aufgegeben, sie rentierten sich angeblich nicht mehr. Zuvor zählte man die Schafe, es waren 10.888 und verkaufte oder verpachtete alles an die Beständer. Die Weiden wurden ihnen ebenfalls verliehen. Von nun an konnten die privaten Wanderschäfer mit dem Privileg des Landgefährts die Triften benutzen und die Weiden belegen.

Terminregularien

Nur einige Jahre später führte die Herrschaft wieder eigene Schäfereien ein. Sie verlegte aber ihre Umtriebe auf die Flächen des

Kirchenguts, um den Privaten nicht in die Quere zu kommen. Die Untertanen hatten nun ein neues Problem, sie mussten sich an weitere Höfe und umherziehende Herden gewöhnen. Das Landgefährt wurde zur Landplage.

Die Klagen häuften sich und die Herrschaft rief 1599 den Unzufriedenen ins Gedächtnis, dass „ein von alters hergebrachtes Recht" den Auftrieb auf ihre Wiesen nach Galli (16. Okt.), Kornfelder nach Bartholomaei, (24. August) und Haferfelder nach Michaelis (29. Sept.) erlaube. Die lauten Proteste wurden endlich erhört und das Landgefährt ab 1618 von Martini (22. November) bis Cathedra Petri (4. März) damaliger Zeitrechnung gelegt.

Als aber 1700 der gregorianische Kalender endgültig eingeführt wurde und die Kalenderdaten elf Tage früher fielen, gab es wieder Streit zwischen Bauern und Schäfern. Letzteren war der 11. November natürlich recht, den 4. März aber behielten sie bei. Trotzdem beweideten die Wanderschäfer während des Landgefährts nicht nur ungehindert die Ortsgemarkungen an ihrem Weg, sondern auch immer mehr die angrenzenden Wiesen.

In Süddeutschland hatten sich nun die herrschaftlichen und privaten Schäfereirechte etabliert. Doch die mit diesen Privilegien ausgestatteten Herden befuhren ja nicht das ganze Land und so gab es Gebiete, die eine durchaus rentable bäuerliche Schafhaltung ermöglichten. So ist es auch zu verstehen, dass in einer weiteren Schafordnung gleichzeitig die herrschaftlichen Privilegien hervorgehoben, aber auch geeignete Gemeinden ermuntert werden, Schafe zu halten.

Info

Weiden, die nicht gebraucht wurden, überließ man bestandsweise den Untertanen, um darauf Vieh zur Fleischerzeugung halten zu können. Die Waldweide jedoch wurde bei Strafe verboten.

Das „Landgefährt" als Teil der Schäfereigerechtigkeit

Noch war diese Art der Schafhaltung keine echte Transhumanz, weil die Schafe im Winter aufgestallt wurden. Unterwegs ernährten sich die Tiere auf den Fluren, abgeernteten Feldern und der Brache der Untertanen, ohne an eine Route gebunden zu sein. Diese Wanderungen erhielten den Namen Landgefährt. Die dazu berechtigten Schäfer mussten einen Landgefährtsbrief mit sich führen und ihn jährlich erneuern lassen.

Näherte sich ein Wanderschäfer, damals „Herrenschäfer", den Gemeindeweiden, forderte der Schultheiß Einsicht in den Brief. Er kontrollierte mit gebührendem Ernst die Jahresangabe und die Zahl der Schafe. War das Datum falsch, konnte er den Brief einbehalten und den Schäfer abweisen. Einem ordentlichen Schäfer hatte er die Durchfahrt zu gestatten und durfte ihm sogar Essen und Unterschlupf gewähren (Verordnung 14. Juli 1618).

Ober- und Unterknechte selbstständiger Schäfereien hatten oft einen schlechten Ruf. Sie missbrauchten Weiden durch ungebührlich lange Belegung, schonten ihre eigenen und beschmutzten Wiesen von Städten und Dörfern, auf die das Rindvieh gehen sollte. Deshalb bekamen sie einen besonderen Weidbrief mit der Anzahl der Lämmer und Schafe ausgehändigt.

Die Schafgesundheit im Blick

Besondere Aufmerksamkeit der württembergische Regierung galt der Gesundheit der Schafe. Vor allem die Räude verbreitete Angst und Schrecken, da sie das höchste Gut, die Wolle zerstörte. „Anbrüchig“ war das Wort für angesteckt, und es gab noch keine wirksame Therapie.

Man nahm die befallenen Tiere aus der Herde und schaffte sie ins Ausland. Dabei wurde Missbrauch getrieben und auch gesunde Schafe verkauft, die im Lande wichtig waren. So wurden in allen Ämtern des Fürstentums durch Vogt und Bürgermeister drei Personen zu Schaumeistern bestellt und vereidigt, und dann den Schultheißen und Heimbürgern (Amtsträger) namentlich gemacht. Auch den Schäfern und ihren Knechten nahm man das Gelübde ab, die Räude sofort anzuzeigen.

Bei bis zu drei befallenen Schafen nahm der Schäfer die Tiere selbst heraus, waren es mehr, sortierten die geschworenen Schaumeister den Haufen (die Herde). Die für gesund befundenen Tiere wurden drei oder vier Wochen später nochmals kontrolliert.

Bei massivem Befall kamen die Schafe während des Winters in den Stall bis zur Heilung, sofern möglich. Im Sommer war der Aufwand ungleich höher. Man bildete mit den kranken Schafen drei Haufen, die Melkschafe, die Lämmer und die Hämmel. Auch zwei getrennte Pferche wurden gestellt. War eine Rettung aussichtslos, übergab man die Schafe, Stechware genannt, dem Metzger in der Überzeugung, dass dem Fleisch „kein Mangel“ war.

Die tägliche Erfahrung zeigte, dass manche, die sich als Schäfer ausgaben, oft unwissend waren und die Krankheit nicht erkennen konnten. Sie mussten am nächsten Schäfertag nach Gröningen (Markgröningen) gehen und sich dort von den Ober- und Kertzenmeistern prüfen und informieren lassen. Sie bekamen dann ein Attest, ohne das ihnen von einem Meisterschäfer keine Herde anvertraut wurde. Die beschriebenen Anordnungen stammen aus der „Schaaf-Schaw-Ordnung“ von 1581. Dies zeigt, wie früh man sich des großen Risikos der Räude bereits bewusst war.

Dreißigjähriger Krieg

Im Dreißigjährigen Krieg verelendete das Land völlig. Ackerbau und Viehhaltung verkamen. *„Der Krieg ernährt den Krieg. Gehen Bauern drauf, Ei, so gewinnt der Kaiser mehr Soldaten.“* So Friedrich Schiller im „Wallenstein“.

Info

Das herrschaftliche Landgefährt endete im Jahr 1746, die privaten Schäfer behielten es noch bis 1828.

Räude, eine ansteckende, stark juckende Hautkrankheit, die in früheren Jahrhunderten Angst und Schrecken bei den Schäfern verbreitete.

Hatten sich zuvor die Anstrengungen für ein ordentliches Vieh gelohnt, gab es jetzt meist nur noch minderwertige, oft räudige Tiere. Ab 1660 bereisten deshalb zwei Landzahlmeister im Früh- und Spätjahr das Land, besichtigten die Ställe, zählten die Schafe und hatten mit den Schultheißen und Communvorstehern die Landfahrer zu kontrollieren.

Die Schafordnung von 1723

Diese neue Schafordnung setzte den Wanderschäfer stark unter Druck und bäuerliche Viehzucht verwies allmählich die Schäferei in die Schranken. Die Landgefährtsbriefe, sowieso nur für ein Jahr ausgestellt, mussten vom geheimen Rat, dem Kammerpräsidenten und dem Schäfereioberinspektor unterschrieben werden. Abgelaufene Briefe machte die fürstliche Kanzlei ungültig.

Die Auflagen waren:

- Die Route in dem Landstrich, auf der sich der Schäfer zu seinen Weiden bewegte, schrieb man ihm jetzt vor, vorbei war die Freiheit des fast ungehinderten Reisens.
- Der Schäfer hatte die Route unter Vermeidung hoher Herrschaftsstrafen genau zu beachten und pünktlich im Strich verbleiben.
- Auf jeder Gemarkung musste er seine Ankunft der Ortsobrigkeit anzeigen und durfte nicht länger bleiben, als es im Brief angegeben war oder die Gegebenheiten zuließen. Darüber sollte er mit dem Ortsvorsteher eventuell verhandeln.
- Der zur Aufsicht bestellte Schultheiß zählte die Schafe ab, überzählige mussten herausgenommen werden. Er kontrollierte die Ohrmarken, prüfte die Herde auf ihre Gesundheit und nach „inländischem" Herkommen.
- Reiste der Schäfer weiter, ließ er sich von der Obrigkeit ein Attest darüber ausstellen, dass er seine Zeit nicht überschritten und keinen Schaden angerichtet hatte.
- Sollte bei einem Wanderschäfer ein gefälschtes oder erhandeltes Patent festgestellt werden, wurde ihm dieses abgenommen und die Herde gepfändet.
- Es kam vor, dass der Schäfer sich über eine geringe Brache beklagte und auf die Allmende der Gemeinde ausweichen wollte. Dies wurde ihm bei Strafe verboten. Viel Verdruss entstand,

weil manche Schäfer den Pferch über die Nacht von Bauern und Jungen bewachen ließen und sich in den Flecken „dem Zechen und Schlemmen“ hingaben. Sie fuhren dann erst mittags aus dem Pferch, wodurch die Schafe unter Umständen bis abends nicht satt wurden. Solches bestrafte man mit zehn Gulden – viel Geld. Im General-Rescript vom 2. März 1747 wurde die Dauer der Frühlingsweide reduziert von Georgi, 23. April auf 14. März, *„weil die Schafe in den Feldern die Wurzeln ausfressen und die Herzblättlen ruinieren“.*

19. Jahrhundert

Wie streng die Auflagen für Wanderschäfer waren, zeigt eine Wegeordnung vom 23.10.1808, in der den Schäfern das Beweiden der Chausseegräben verboten wurde. Ein Schäfer, der ohne eine Wanderurkunde angetroffen wurde, musste, bis er sie nachträglich beigebracht hatte, die Schafe in einen Stall bringen und die Kosten ihrer Beaufsichtigung tragen. Auf der Rückseite einer Wanderurkunde des Schäfers Jakob Ambacher vom 04. April 1902 der Gemeinde Neuffen, Oberamt Nürtingen steht noch:

„Belehrung für den Führer der Herde nach dem Weidegesetz vom 26. März 1873

Die Anzahl der Stücke in den einzelnen Haufen der Wanderherden darf 300 Tiere nicht überschreiten, weil ein Hirte eine größere Herde nicht mehr beaufsichtigen kann, sodass Weideexzesse unvermeidlich sind.

Der Führer einer Wanderschafherde ist verpflichtet, seine Wanderurkunde auf Verlangen jedem Markungsinhaber, Feldschützen, Forstschutzdiener, Polizeidiener oder Landjäger zur Einsichtnahme vorzuzeigen, welch letztere ebenfalls das Recht und die Pflicht haben, das Einhalten der Vorschriften zu kontrollieren und Verfehlungen anzuzeigen.“

Das Pariser Geschäft

Anfang des 19. Jahrhunderts entwickelte sich trotz der Wirren der napoleonischen Kriege der Verkauf von Hammeln und Ochsen nach Paris in immer größeren Dimensionen. Entweder führten die Schäfer ihre Herden nach Straßburg, wo Aufkäufer sie übernahmen, oder sie reisten drei bis vier Wochen lang mit handgezeichneten Karten weiter auf die Märkte in Paris. Einen guten Ruf hatten die Tiere aus Hohenlohe und der Würzburger Gegend als „Fränkische Hämmel". Kranke und ermüdete Tiere verkaufte man unterwegs. Mancher Schäfer weidete seine etwa 200 Tiere umfassende Herde noch einige Wochen auf den lothringischen Kalkhöhen, um sie besonders wohlgenährt zu verkaufen. Welches existenzielle Maß das Geschäft für die Schäfer hatte, zeigte sich, als Frankreich ab 1820 für einige Jahre den Eingangszoll von 12 Sous pro Paar auf 10 Franken erhöhte. Oberämter wie Aalen, Schorndorf und weitere beklagten sich bitter darüber, weil sie dem *„Wohlstand des Landmanns empfindlich wehtaten"*.

Der Markt von Poissy

Er war Anfang des 19. Jahrhunderts ausgebaut worden, um die stetig steigende Tierzahl aufzunehmen und der bekannteste Markt, wo pro Woche 2.000 bis 6.000 Ochsen und Kühe, 1.000 Kälber und bis zu 8.000 Schafe oder mehr aufgetrieben wurden. Die Organisation war nicht einfach, denn es kamen nicht nur Herden zu Fuß. Sie wurden auch mit der Eisenbahn angeliefert. Diese Tiere waren verängstigt, hungernd und durstig und mussten schnellstens auf die in großer Zahl vorhandenen Weiden rund um den Marktflecken gebracht werden.

Info

Von 1860 bis 1870 gingen jährlich etwa 60.000 bis 70.000 Hämmel auf die französischen Märkte.

Kirchheim / Teck und weitere Orte in der Nähe betrieben deswegen mit Tieren der alten Landrasse eine intensive Hammelmästerei. Schweizer und badische Händler kauften hier bereits im Frühjahr ein, ließen die Schafe scheren, weil so der Eingangszoll geringer war, und dann reisten erfahrene Wanderschäfer auf die Märkte in Frankreich. Die Transportkosten betrugen etwa 30 % des Erlöses. Ende des 19. Jahrhunderts sank die Zahl etwas, doch 1884 brachte die Eisenbahn noch über 22.000 Tiere nach Frankreich.

Zwischenstation Lothringen

Weil einige der Schäfer sich unterwegs gute Kenntnisse des Landes aneigneten und Gefallen an den landwirtschaftlichen Verhältnissen in Lothringen fanden, wurden sie dort sesshaft. Viele kauften die durch Abwanderung in die Industrie frei gewordenen Landwirtschaftsbetriebe auf und brachten es mit neuen Methoden und der Pferchdüngung zu Ansehen und Reichtum. Sie hielten die kulturellen Verbindungen in

Kolorierter humoristischer Stich des Treibens der Viehändler auf dem Markt von Poissy. Er wurde in dem zeitgenössischen Journal „La forêt de Saint-Germain“ veröffentlicht.

ihre alte Heimat lange aufrecht. Hornberger (1959) meint, dass erst dort dadurch eine Wanderschäferei aus der bäuerlichen Landwirtschaft herausgewachsen sei.

Ende einer Ära

1903 endete der Handel für die Deutschen Schafhalter. Mit daran schuld waren die hohen Einfuhrzölle und die Bestimmung, die Hammel sofort dem Schlachthaus zuzuführen. Nicht davon betroffen war Zuchtvieh, solche Herden wurden von süddeutschen Wanderschäfern noch bis zum Ersten Weltkrieg in Lothringen gehütet.

Der Markt von Poissy war schon 1867 aufgelöst worden – heute steht auf dem Park der Schafe das Rathaus. Die Schäfer mussten dann nach Villette, wo das Marktgeschehen 1974 endete. Auf dem historischen Viehmarktgelände mit den Schlachthöfen entstand der größte Themenpark der Stadt. Einige Gebäude blieben erhalten, die alte Viehbörse wird als Theater genutzt. Viele große süddeutsche Herden, auch aus Hessen und Westfalen gingen mit ihren Wanderschäfern auf diese Märkte und prägten eine rund 100 Jahre dauernde Epoche mit.

Wanderschäfer und die Gesetze

Info

Das Gesetz von 1828 räumte dem Ackerbau nun unbedingten Vorrang vor der Weidewirtschaft und der Schäferei ein.

Die liberalen Ideen der französischen Revolution bereiteten im 19. Jahrhundert das Feld zu einer neuen Agrarreform und zur beginnenden Bauernbefreiung. Nur durch die Ablösung von fremden Lasten auf dem Eigentum sah man die Möglichkeit, dass eine freie Landwirtschaft produktiver betrieben werden konnte, um die wachsende Bevölkerung ernähren zu können.

Wenigstens aber wurde dem Wanderschäfer im Artikel 14 noch ein festgelegtes Weiderecht auf den am Wege gelegenen Ortsmarkungen während der Reise eingeräumt. Gefördert wurde die Schäferei dadurch, dass nun jedermann das Recht hatte, Schafe zu halten. Ihre hart erkämpfte Zunft aber erlosch im gleichen Jahr, sie war einfach überholt.

Immer härtere Gesetze

Das württembergische Gesetz über die **Ausübung und Ablösung der Weiderechte auf landwirtschaftlichen Grundstücken**; sowie über die **Ablösung der Waldweide-, Waldgräserei- und Waldstreurechte** von **1873** verschärfte die Situation noch.

Kein Grundeigentum konnte mehr durch fremde Weiderechte eingeschränkt werden. Sämtliche Kulturbeschränkungen fielen weg.

Bedenken, dies würde die Wanderschäferei erheblich gefährden, teilte die gesetzgebende Kommission nicht. Die Größe der Wanderschafherden wurde auf 300 Stück begrenzt, wobei Schafe und Lämmer gleich zählten, im Entwurf des Gesetzes wollte man noch zwei Lämmer gleich einem Schaf rechnen. Auch ging der Gesetzgeber davon aus, dass ein Schäfer nicht mehr als 300 Schafe umsichtig führen könne.

Die Gemeindekasse regiert

Hätten die Gemeinden vielerorts nicht auf ihr Ablösungsrecht verzichtet, wäre die Wanderschafhaltung zum Erliegen gekommen. Doch Pachterlös und Pferchertrag verhinderten dies vorerst. Es gab nun in Württemberg keine gesetzliche Grundlage mehr, nach der Wanderschafherden fremde Grundstücke **ohne Einwilligung** der Eigentümer beweiden durften, nicht mal die Wegeböschungen, aus deren Pachterlös die Wegeknechte entlohnt wurden. Auch ging die Absicht nicht auf, dass die Gemeinden aus wirtschaftlichem Interesse mehr Schafweiden einrichten würden. Das Schaf hatte der Kultur zu weichen.

Im Nachbarland **Baden**, wo die Wanderschäferei nicht die Größe wie in Württemberg erreichte, wurde 1848 ebenfalls ein Ablösungsgesetz verabschiedet, die gemeinen Schafweiden betreffend. Die Schafhaltung ging zurück, die Gemeindekassen litten empfindlich unter dem Verlust der Pachteinnahmen, der Fleisch- und Wollerzeugung und auf entlegenen Grundstücken fehlte der Dünger. Also musste ein neues Gesetz her. Ab dem Jahre 1884 konnten dann wieder gemeine Schafweiden eingerichtet werden.

Info

Wenn ein Wanderschäfer nun bei widrigen Umständen nicht mehr ein und aus wusste, wie er seine Schafe satt bekommen konnte, und er in seiner Verzweiflung Flurschaden anrichtete, ist man fast geneigt, dies als Notwehr zu bezeichnen.

Wenn diese einen allgemeinen Nutzen versprachen, brauchte die Gemeinde dafür die Zustimmung von „nur“ noch drei Viertel aller Grundstücksbesitzer. Das ähnelte dem württembergischen Gesetz von 1873. Die davon nicht Überzeugten konnten aus der Weidegemeinschaft austreten, mussten allerdings dafür einen Weidezins in die Gemeindekasse zahlen und den Durchtrieb der Herden dulden. Die Gemeinde richtete die Weide ein, die das Bezirksamt mit einer Tagfahrt besichtigte. Die Stimmen der fehlenden Eingeladenen wurden mit Ja gezählt. Auf neun Jahre wurde die Weide festgelegt. Natürlich hatte der Feldbau auch im Badischen immer Vorrang.

Eigentümer von 30 ha und mehr, die selbst von der Weidenutzung lebten, entzogen sich den gemeinen Weiden und zahlten dafür ebenfalls den Ausfall des Pachterlöses in die Kasse.

Das neue Gesetz wirkte sich nun positiv für die Wanderschäfer aus, es fiel ihnen wieder leichter, die Weiden meist der gesamten Markung zu pachten, und diese verblieben oft über mehrere Generationen in ihrem Besitz.

Weideordnung

Weideordnungen wurden durch die Ortspolizei festgelegt: Anfang und Ende der Sommer- und Winterweide, Tageszeit des Auf- und Abtriebs, die Höchstzahl der Schafe, Einteilung des Pferches, Verwertung der Einnahmen durch die Verpachtung. Das Gesetz regelte auch die Schadensersatzpflicht und legte die Strafbestimmungen

fest. Mit Geldstrafe bis zu 60,– Mark oder mit Haft bis zu 14 Tagen wird bestraft:
wer beim Betrieb der gemeinen Weide

- weidende Schafe ohne Aufsicht oder unter Aufsicht einer hierzu untüchtigen Peson lässt;
- Schafe auf Grundstücken weiden lässt oder über Grundstücke treibt, welche von der Beweidung nach den Bestimmungen dieses Gesetzes befreit oder ausgeschlossen sind;
- die Weide den Vorschriften der Weideordnung zuwider ausübt oder ausüben lässt.

Nach dem Inkrafttreten des Gesetzes wurden vermutlich noch Schafweiden eingerichtet, was aber nicht mehr nachprüfbar ist. Vergleicht man die Gesetze von 1873 und 1884, war in Württemberg die Ablösung der Weiderechte zugunsten des Ackerbaus entscheidend, wenn auch die Möglichkeit bestand, Viehweiden in Schafweiden umzuwandeln. Dagegen konnten in **Baden** neue Schafweiden eingerichtet werden, die seither nicht bestanden hatten.

Schafe müssen auch auf der Wanderung getränkt werden.

Diese Gesetze hielten sich ein halbes Jahrhundert. Während des Ersten Weltkrieges wurden die Gemeinden angewiesen, vermehrt Weiden zu verpachten, denn durch Streitigkeiten mit den Schäfern hatte die Lust zum Verpachten bereits wieder deutlich abgenommen. Für viele Schäfer waren die Flächen im Elsass verloren gegangen und man musste sich die Fleisch- und Wollversorgung sichern.

Wieder neue Weidegesetze

Im Jahre 1935 wurde in Württemberg das Weidegesetz geändert. Ein Jahr zuvor hatte man im Dritten Reich die Erzeugungsschlacht ausgerufen. Gemeine Schafweiden wurden neu eingerichtet und bestehende konnten sogar zwangsweise verpachtet werden.

Im Taschenkalender der Süddeutschen Schäfereiverbände 1939 liest der Schäfer fachliche, aber auch für sein Auftreten wichtige Empfehlungen in aller Kürze:

- Zweckmäßige Ausnützung erfordert eine Einteilung des Gehüts.
- Rechtzeitiges Ausfahren und Benützen der Triebwege zur Schonung der Weideflächen. Weideflächen restlos ausnützen und keinen Schaden machen.
- Wasserpfützen, tief liegende Stellen und Gräben sind zu vermeiden.
- Schmale Brachäcker sind langsam vorwärts zu hüten, Kleeschläge vorsichtig zu hüten und bei Blähungsgefahr die Herde zusammenzustellen. Gefährlich sind, besonders für trächtige Schafe, nasse, mastige Weiden mit Geilstellen, schwarz gewordener Stoppelklee, Hahnenfuß, gefrorenes Obst, Kartoffeln und Rüben.
- Bei großer Hitze den Mittagspferch schlagen, doch auch bedenken, dass das Vieh dabei empfindlich gemacht wird. Weniger hungriges Vieh wird in Zug gebracht und gegen den Wind gehütet, bei zu windigem Wetter vom Wind weghüten.
- Kein Schäfer geht auf Wanderschaft, ohne zuvor seine Weide fest gepachtet zu haben. Sonst fällt er unter die Kategorie Raubschäfer.
- Höflichkeit gegenüber den Polizisten und den Grundstückseignern ist selbstverständlich.
- Er achte auf sorgfältige Unterbringung der Herde.
- Er muss genaue Kenntnis der Wanderverkehrsbestimmungen haben. Übertretungen können die Aufhebung der Genehmigung des Fußtransportes bedeuten.
- Der Hund ist der treueste Begleiter und Freund. Ist die Herde am Abend versorgt, ist er an der Reihe. Eine ordentliche Mahlzeit und ein trockener Platz sind wichtig für die Pflege und das Wohlergehen.

Wanderschäfer Carl Rivoir, geb. 1873

Carl Rivoir ist Waldenser, 24 Jahre alt, und sich der Auflagen seiner Wanderung bewusst. Seit dem Gesetz von 1873 ist der Schäfer auf die Duldung der Gemeinden, Bauern und Grundstückseigentümer angewiesen. Sogar das Recht zur Beweidung der auf dem Weg gelegenen Ortsmarkungen wie es seinen Vorfahren noch zustand, hat er nun verloren. Der Schäfer soll sich möglichst an festgelegte Triebwege halten und laufend werden die Tiere kontrolliert, um das Verschleppen einer eventuellen Seuche zu verhindern. Bestimmte Kulturen darf er nicht beweiden. Der gesteckte Strohwisch auf einer landwirtschaftlichen Fläche, ein altes Rechtssymbol, sagt ihm eindeutig, dass er hier nichts zu suchen hat.

Der Schafknecht Carl Rivoir verlässt am 1. August 1897 mit 150 Lämmern die Sommerweide in Ebingen. Er hat die Tiere zuvor dem Oberamtstierarzt vorgestellt, sie sind alle gesund und in guter Verfassung. Das Ziel sind die Herbst- und Winterweiden seiner Heimat in Pinache (Penage).

Er benützt teilweise die bewährten Routen vieler Wanderschäfer in die milden Gegenden des Rheintales und der Vorderpfalz zur Überwinterung. Die kleinen Wiederkäuer trippeln der Eyach entlang Richtung Neckar und später durch die Gäulandschaften, bevor sie kurz vor der Enz die heimatlichen Gefilde erreichen. In Luftlinie gerechnet, beträgt die Strecke etwa 80 Kilometer, tatsächlich hat der Schäfer zum Ende der Reise weit mehr als das Doppelte zurückgelegt. Sofern nichts Ungewöhnliches dazwischen kommt, erreicht er also bei einem Schnitt von 12 bis 15 km pro Tag in zwei Wochen die fruchtbaren Muschelkalkplatten des Hecken- und Schlehengäus.

Tägliche Sorgen
Jeden Tag bewegt den Schäfer die Frage neu, ob er seine Tiere am Abend satt und gesund in einen Pferch, umzäunten Garten oder sogar in einen Schuppen bringen kann.

Eine Wanderung stellt immer höchste Anforderungen an Schäfer, Herde und Hund. Sie sind jedem Wetter preisgegeben, plötzlichen Verletzungen oder Krankheiten ausgesetzt und stoßen auf deutliche Ablehnung bei manchen Bauern. An heißen Tagen brauchen die Schafe sauberes Wasser zum Trinken und unter ganz widrigen Umständen passiert es, dass sie das gewünschte Etappenziel nicht erreichen. Der Schäfer muss dann ohne großen Schutz bei der Herde im Freien übernachten, sein Bett ist die Erde, vielleicht gepolstert mit ein paar Fichtenzweigen.

Der Wahrheit die Ehre

Manche Schäfer hielten sich nicht immer an Gesetze und Spielregeln, die Geschichte ist beladen mit Weidekonflikten aller Art. Flurschäden wurden mit Geldstrafen geahndet und ins Kontrollbuch eingetragen. Da der Schäfer sich beim jeweiligen Ortsvorsteher anmelden musste, achtete er wohlweislich darauf, dass die Innenseite in der Spalte „Strafen“ weiß blieb. Die Wanderurkunde des Carl Rivoir ist im Original erhalten und enthält keine Eintragungen.

Bei seiner Reise kann der Schäfer auf günstige Bedingungen hoffen, was aber nicht ausschließt, dass er auch einmal nur Straßenränder oder Wege beweiden darf. Dieses „gespannte“ oder enge Hüten fordert seinen Hund besonders. Doch jetzt finden die Tiere auf den ersten Stoppeläckern nahrhaftes Futter, denn die Getreidefelder kommen nach der Ernte noch nicht gleich unter den Pflug. Gleichzeitig erhält der Acker eine biologische Schädlingsbekämpfung durch den „goldenen Tritt“ des Schafes.

Der Schäfer darf jedoch die Felder nicht befahren, bevor die Armen ihre Ähren lesen konnten und auch Rinder haben das Vortriebsrecht. Beim Hüten soll keinesfalls Sorglosigkeit aufkommen, denn jetzt sind besonders die Lämmer durch die von harten Stoppeln ausgelösten Verletzungen zwischen ihren Klauen und am Kronensaum gefährdet. Die Schäfer nennen diese schmerzhafte Krankheit „Stoppelkrümme“. Mit langsamem Hüten lässt sich diese Gefahr verringern. Und ein umsichtiger Hüter tränkt die Herde nicht nach dem Beweiden des Stoppelfeldes. Eine verletzte Klaue versorgte Rivoir wohl mit Leinöl, Bienenwachs, Holzteer und einem Schutzverband, mit dem es dem Schaf noch möglich ist, der Herde zu folgen.

Heimkommen

Die heimatlichen, vertrauten Gefilde kommen für Rivoir näher, etwa fünf Monate Abwesenheit von zu Hause sind vorbei. Jetzt gilt es für den Schäfer, seine Tiere vor dem kommenden Winter in gute Kondition zu bringen. Er nutzt den nahrhaften Aufwuchs in den noch nicht umgebrochenen Stoppelfeldern und pfercht gleichzeitig die Äcker der Bauern. Abgeerntete Hackfruchtschläge und Wiesen mit dem letzten Aufwuchs ermöglichen es dem Schäfer, seine Herde optimal und abwechslungsreich zu füttern.

Dann wird er sich auf den Winter einstimmen. Mit hoffentlich gut eingebrachtem Heu und Öhmd für eine längere witterungsbedingte Stallhaltung kann er dieser Jahreszeit einigermaßen beruhigt entgegensehen. Doch wird er jede gute Gelegenheit wahrnehmen, mit der Herde auszufahren, denn kein anderes Tier ist so geeignet wie das Schaf, sich draußen bei Schnee und Kälte sein Futter zu suchen. Jeder Winter geht vorbei und mit der nächsten Reise auf die Sommerweiden schließt sich wieder der Kreis eines Schäferjahres.

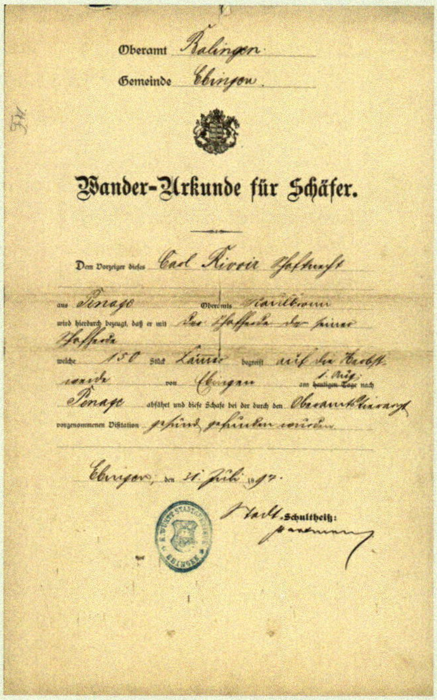

Oberamt Balingen

Gemeinde Ebingen

Wander-Urkunde für Schäfer.

Dem Vorzeiger dieses Carl Rivoir [illegible]

aus [illegible] Oberamts [illegible]

wird hierdurch bezeugt, daß er mit [illegible]

welche 150 Stück [illegible] begreift [illegible]

von Ebingen am [illegible] nach

[illegible] abfährt und diese Schafe bei der durch den [illegible]

vorgenommenen Visitation [illegible]

Ebingen, den [illegible]

Schultheiß: [illegible]

Die Wanderurkunde von Carl Rivoir, die er mit sich führen und auf Verlangen vorzeigen musste, ebenso sein Kontrollbuch.

Schäfer Wilhelm Baumann, geb. 1895

In Brettheim in der Nähe von Crailsheim, wo sein Vater eine eigene Schäferei betrieb, kam Wilhelm am 4. April 1895 zur Welt. Wie seine beiden Brüder wurde er Schäfer.

Nach seiner Aussage war er 1909 erstmals in Biebesheim. Sein Vater Friedrich hatte nachweislich 1911 zum ersten Mal und dann jährlich bis 1916 die Winterweide in der Biebesheimer Gemarkung gepachtet. Hier fanden die Baumanns für ihre Tiere während der Wintermonate wesentlich bessere Futterbedingungen als in der rauen Heimat. Ab 1920 schloss der Sohn Wilhelm Baumann III. die Pachtverträge für die Winterweide mit der Gemeinde ab. In Biebesheim hatte er auch seine Frau Mathilde, geb. Dewald, kennengelernt, mit der er sich 1917 verheiratete.

1915 setzte der Krieg dem Wanderschäfer eine Pause. Doch bald nach Kriegsende wanderte er wieder zwischen Württemberg und Hessen. Vom 13. November 1940 ist beispielsweise eine Wanderurkunde von der Gemeinde Crailsheim ausgestellt. Sie besagt:

„Der Führer der Wanderschafherde Wilhelm Baumann, wohnhaft in Biebesheim erhält hiermit nach Vorlage eines vorschriftsmäßigen Kontrollbuches, eines in das Kontrollbuch eingetragenen amtstierärztlichen Gesundheitszeugnisses vom 12.11.1940 und eines Nachweises, dass die Schafe am Bestimmungsort auf längere Zeit eine Weide oder einen Stall beziehen können, die Erlaubnis, die ihm gehörige aus 1 Bock, 70 Mutterschafe, 259 Jährlingen bestehende und mit „rotem B“ gekennzeichneten Wanderschafherde in der Zeit vom 14.11. bis 15. 11.1940 aus dem Gemeindebezirk Rot am See auf dem Weg von Musdorf über Mulfingen bis zur württembergischen Grenzgemeinde Altkrautheim / Krs. Künzelsau zu treiben. Eine weitere Triebgenehmigung ist von dem zuständigen Landrat außerhalb Württembergs einzuholen. Der angegebene Triebweg ist genau einzuhalten. Die Schafherde muss täglich 15 km zurücklegen und darf nur außerhalb von Maul- und Klauenseuchesperrbezirken getrieben werden. Die Ankunft der Schafherde in Biebesheim ist vom Führer unverzüglich der Ortspolizeibehörde in Biebesheim anzuzeigen.“

Wanderschäfer

Man weiß es ja, des Mannes Los ist hart,
dreimal im Jahr ist für ihn Wanderfahrt,
mit allem, was für ihn hierin beschlossen;
bei Tag und Nacht, bei Wind und Wetterkraus,
oft ohne Unterkunft, doch er hält es aus
bei seinem Vieh – getreu und unverdrossen.
Ihm ist der frühe März schon Wanderzeit,
wenn öd noch alles und das Winterkleid
in der Natur kaum ist dahin geschwunden;
noch kahl die Flur, vor Hunger blökt das Vieh,
das gern er füttern möcht` und weiß nicht wie,
dann wohl erlebt er seine schlimmsten Stunden.
Viel Sorg und Müh hat er dann und Verdruss
und manchen Ärger noch zum Überfluss,
wenn Feldschütz und Gendarm ihn überwachen;
wenn ihn der Straßenwart, der nie sein Freund,
und noch so mancher Schaf- und Schäferfeind
Bekanntschaft mit dem Strafgesetz lässt machen.

(Johann Greb,
Süddeutsche Schäferzeitung 2/1955)

Der Baumann-Schäfer wird 75 Jahre, so schreibt das Darmstädter Tagblatt am 4. April 1970, noch immer sei er mit seiner Schafherde draußen, ob es stürmt oder schneit, ob die Sonne scheint oder Regen fällt. Zwar seien die Jahre an ihm nicht spurlos vorübergegangen, doch trage er die Wehwehchen mit Humor und bärbeißiger Widerstandskraft.

Dem Jubilar, der mit ganzem Herzen an seinem Beruf und an seiner Herde hängt, machen die Weidemöglichkeiten noch immer große Sorgen. Die Sommerweide ist zwar gesichert, aber im Winter ist die Weidefläche knapp. So zieht Wilhelm Baumann schon einige Jahre im Winter mit seiner Herde, 350 an der Zahl, nach Berkach und Büttelborn. Die Verknappung der Weideflächen der Biebesheimer Gemarkung war die Folge von Entwässerungsmaßnahmen der 1930er-Jahre, nach denen die gesamte Westgemarkung fast vollständig landwirtschaftlich nutzbar wurde. Grünland war Ackerland geworden.

Wilhelm Baumann verstarb am 17. August 1973 auf tragische Weise. Es war mit seiner Herde in Biebesheim auf einem Acker, der an dem Tag vom Mähdrescher gemäht worden war und auf dem noch Stroh lag. Als er in seiner Pfeife stocherte, fiel Tabakglut herab, das trockene Stroh entzündete sich und stand im Nu lichterloh in Flammen. Das Feuer ergriff auch die Kleidung des Schäfers. Seine Verletzungen waren so schwer, dass er nicht überlebte.

Wanderschäferei im 20. Jahrhundert

Vorherrschende Betriebsformen der Schafhaltung in Süddeutschland sind Zucht-, Hammel- und gemischte Schäferei. Mutterschafherden kommen auf 220 bis 240 Pferchnächte und in der Ablammzeit sind die Tiere im eigenen oder gepachteten Stall.

Süddeutsche Weiderechte

- In **Württemberg** ist das Gemeindeweiderecht von besonderem Interesse. Die Gemeinde hat das Recht, alle als Schafweide nutzbaren Flächen im Bereich der Gemeinde in der offenen Zeit durch Verpachtung zu nutzen. Dann dürfen die Grundbesitzer ihre eigenen Tiere nicht auftreiben.
- In **Baden** ist durch einstimmigen oder mit qualifizierter Mehrheit gefassten Beschluss der Gemeinde die gesamte landwirtschaftliche Fläche oder ein größerer zusammenhängender Teil zu bestimmten Zeiten des Jahres an den Schäfer verpachtet.
- In **Bayern** wird die Verpachtung zwischen den Grundstückseigentümern und der Gemeinde vertraglich geregelt oder die Gemeinde hat mit dem stillschweigenden Einverständnis der Besitzer verpachtet.

Süddeutsche Weidegebiete

Traditionell gibt es hier im Einzelbesitz viele kleine Parzellen, die aus ackerbaulichen Gründen nicht genutzt werden. Sie erhöhen das Futterangebot für den Wanderschäfer.

Auf Wiesen, Kleeschlägen und angeblümten (angesäten) Feldern durfte sich der Schäfer nicht sehen lassen, deshalb war diese Zeit für seine Schafe oft eine Hungerperiode. Kam dann ein Kälteeinbruch dazu und war kein Stall vorhanden, fühlte sich der Schäfer schlecht. Auch fragte niemand wegen des Dungs nach dem Pferch, und somit gab es kein Pferchgeld, mit dem der Schäfer wenigstens einen Teil seiner Kosten begleichen konnte.

Sommerweiden bieten die Schwäbische und Fränkische Alb mit den Kalksteinböden, wo der Regen schnell versickert. Auf der Alb sind besonders häufig arme Flächen vorhanden, Man spricht hier von absolutem Schaffutter. **Vorsommerweiden** sind selten geworden. Sie umfassen Öd- und Unland, Weg-, Straßen- und Waldränder, Böschungen, Steinbrüche.

Herbstweiden, von Mitte August bis 11. November sind die Ackerbauregionen, die auf dem Weg zu den Winter- oder von den Sommerweiden liegen. Hier waren die Stoppeläcker die ersehnte Hauptnahrungsquelle für die Herden und ab Ende Oktober durften die Wiesen befahren werden. Getreidestoppeln, der Aufwuchs der

Info

Gebiete mit hohen Niederschlägen, feuchte Bodenverhältnisse, ausgedehnte Waldungen, intensive Milchviehhaltung und Grünlandwirtschaft (Allgäu, Oberschwaben) sind der Wanderschäferei abträglich.

Die Karte des süddeutschen Wandergebietes zeigt die verschiedenen Richtungen, die nach der Pfalz, dem Oberrhein-, dem Bodenseegebiet, nach Niederbayern und umgekehrt zur Schwäbischen und Fränkischen Alb, zum Vogelsberg und Rhön führen. Das Süddeutsche Wandergebiet hat Ausläufer über das Rheinische Schiefergebirge zur Eifel, in die Kölner Bucht und ins Sauerland. (Nach Hornberger, 1950)

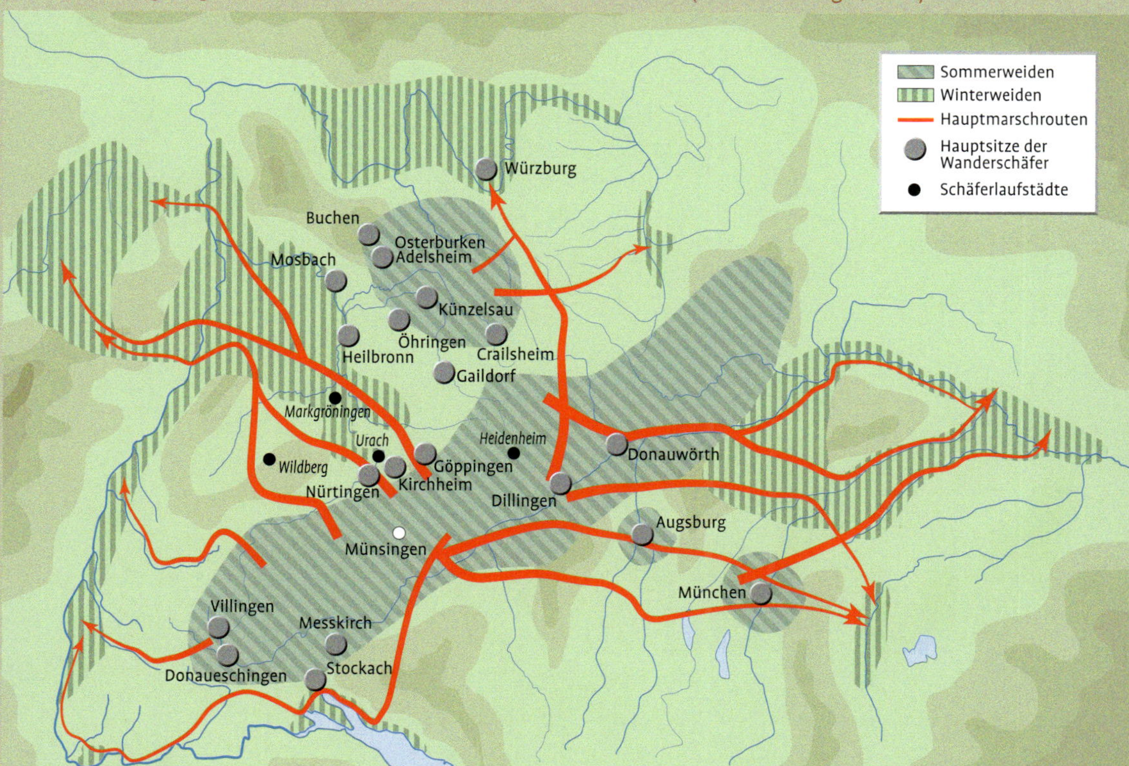

umgebrochenen Äcker, abgeerntete Kartoffelfelder und Rübenschläge gehören dazu. Ein sofortiger Umbruch, der Anbau von Zwischenfrüchten und Gründüngung lässt das Angebot an Herbstweiden schrumpfen. So steht wertvolles Futter den Schafen nicht mehr zur Verfügung.

Winterweidegebiete in Süddeutschland sind die oberrheinische Tiefebene, die Vorder- und Hinterpfalz. Württembergische Winterweidegebiete liegen in den Flusslandschaften von Neckar, Fils, Rems, Donau und im Bodenseegebiet, alles Gebiete mit über 200 Tagen Vegetationsdauer und Höhenlagen bis 400 Meter. Wiesen sind die Winterweiden während der Vegetationsruhe und der Aufstallung des Viehs für den Schäfer.

Bahntransport

Im Allgemeinen brachten die Schäfer ihre Herden zu Fuß auf die Weiden. Gern gesehen, sogar gefordert wurde der Bahntransport von Gemeinden, Bauern und Grundstücksbesitzern, die öfters Flurschäden von den durchziehenden Herden zu beklagen hatten, besonders von den nach Frankreich reisenden.

Schafe beim Verladen auf die Eisenbahn etwa um 1950.

Von den Schäfern wurde er als zu teuer und umständlich abgelehnt. Manche nahmen sogar in Kauf, dass die Strafen, die sie sich auf dem Fußmarsch einhandelten, höher waren als die Bahntransportkosten. Auch führten die Schäfer an, dass Mutterschafe ihre Lämmer, wenn sie gesondert transportiert wurden, nicht mehr annehmen würden. Wohl der Hauptgrund dürfte aber gewesen sein, dass wenn die Herde beispielsweise zum 1. April die Winterweide verließ und mit der Bahn schon einige Tage später auf der Vorsommerweide auf der Alb eintraf, dort die Vegetation noch nicht eingesetzt hatte. Dann musste der Schäfer in den Stall, unter Umständen Futter teuer zukaufen – eine weitere, den Betrieb belastende Ausgabe.

Info

Die Wanderschaft bedeutete für viele Schäfer auch eine natürliche Auslese der Tiere in Hinsicht auf Marschfähigkeit und Widerstandskraft. Deshalb verzichteten sie eher auf den Bahntransport.

Maul- und Klauenseuche

Wandernde Schafe sind zweifellos in der Lage, diese Krankheit zu verbreiten – zum großen Schrecken anderer. Wie tief die Angst vor Seuchen war, etwa in früheren Zeiten die Räude, kann man in vielen Jahrhunderten alten Rescripten, Gesetzen und Vorschriften nachlesen. Dort wird gewarnt, mit drakonischen Strafen gedroht, und die Untertanen erhielten durch Bürgermeister, Verwalter und durch das Land reisende Beamte (Aufseher) der Herrschaft mündlichen Unterricht, wie sie sich zu verhalten hatten.

Noch immer geraten Wanderschäfer ins Blickfeld, wenn Maul- und Klauenseuche auftritt. Sofern sie eingehalten werden, genügen die Vorschriften zur gesundheitlichen Überwachung. Schlägt die Seuche trotzdem zu, kommen viele Schäfer in echte Not. Dann sind, wenn überhaupt, nur Transporte mit dem LKW und Hänger erlaubt. Und wo sollen die Schäfer die Tiere weiden?

Der Ernstfall – ein Beispiel

Im Sommer 1937 wurde die Maul- und Klauenseuche mit einer Schafherde aus Marokko nach Frankreich eingeschleppt und breitete sich schnell über das ganze Land aus. Ende August trat sie auch in Hessen und Baden auf, in Nordwürttemberg im November.

Um der Seuche Herr zu werden, wurde in der Rheinpfalz jeder Herdentrieb verboten und nur die Bahnverladung gestattet. In Hessen erließ die Regierung am 09.03.1938 eine viehseuchenpolizeiliche Anordnung, die das Treiben von Wanderschafherden über mehrere Feldgemarkungen nur über eine Strecke von 25 km erlaubte. Zu weiter entfernt liegenden Weiden mussten die Herden transportiert werden.

Dies brachte viele Schafhalter in Futterschwierigkeiten. Den Schäfer unterstützte ein erneuter „Mahnruf" des Reichsstatthalters vor allem an die Gemeinden, die sich bisher von einer Verpachtung ausgeschlossen hatten, *„obwohl geeignete Futterflächen zur Genüge vorhanden sind“* und der nachdrücklich unterstrich, *„dass derjenige, der sich diesem Aufruf widersetzt, unser Aufbauwerk sabotiert“* (18.11.1937).

Wanderschäferei in Württemberg

Die meisten Menschen sind davon berührt, zu sehen wie ein Wanderschäfer für seine Herde sorgt und mit ihr zieht. Jemanden oder ein Gut zu behüten, ist etwas tief Menschliches, man braucht es nicht zu lernen. Der Schäfer, mit dem Hund als treuen Gefährten und Helfer, die friedliche Herde, der schützende Pferch für die Nacht, eignen sich als Symbol dafür. Dieses Bild verführt aber auch zu romantischen Vorstellungen von Freiheit, Ruhe und Geborgenheit.

Die traditionelle Situation

Die meisten Schafe waren im Besitz der Wanderschäfer. Diesen stand gewöhnlich kein eigener Grund und Boden, auf dem sie die Schafe auch nur einen Teil des Jahres ernähren konnten, zur Verfügung. Sie pachteten deshalb vor allem auf der Schwäbischen Alb, wo es an den Berghängen noch viele natürliche Schafweiden gibt, eine sogenannte **Vorsommerweide** und bezogen diese Anfang April. Dann fuhren sie auf die **Sommerweide**, die gewöhnlich bis zur der Ernte oder etwas danach benutzt wurde.

Hört der Graswuchs auf, muss der Schafhalter in milderen Gegenden eine **Herbstweide** beziehen, die die Schafe bis zum Jahreswechsel ernährt. Häufig sind dort keine Ställe, allenfalls Notunterkünfte vorhanden, sodass die Tiere im Freien bleiben.

Da die Winterstallfütterung der Schafe für die Halter gewöhnlich zu teuer ist und sie ja das nötige Heu nicht selbst erzeugen können, sind sie auf **Winterweiden** angewiesen. Diese liegen in den milderen Gegenden, etwa am Bodensee, in den Donauebenen, aber auch in Baden, der Pfalz und dem Elsass. Sie müssen die Schafe bis in das Frühjahr ernähren.

Nur in schwierigsten Fällen wurde Heu zugekauft, denn die Kosten mussten erwirtschaftet werden. Der Schäfer war also in eine Vielzahl lokaler, nur begrenzt beeinflussbarer Wirtschaftsbedingungen eingebunden, seine Wanderungen wurden ausschließlich von Futter- und Tränkeverhältnissen bestimmt.

Moderne Herausforderungen für den Berufsschäfer

Fragt man heute einen Wanderschäfer nach den guten und schlechten Tagen, lautet die Antwort oft: *„Ja, es gibt schon noch schöne Tage.“* Die Zahl der Berufsschäfer wird immer kleiner, die Wanderschäferei ist fast zum Erliegen gekommen. Aus vielerlei Gründen:

Mangel an Pachtflächen, die beschwerliche und gefährliche Reise zu Fuß, Abneigung mancher Bauern gegen den Schäfer, gesetzliche Vorschriften und nicht zuletzt die lange Trennung von Familie und Freunden.

Zwar sind die Schäfer heute mit geländegängigen Fahrzeugen unterwegs, der komfortable Wohnwagen ersetzt den spartanischen Karren und alles in allem ziehen es viele Schäfer vor, ihre Schäferei in nicht allzu großer Entfernung von Haus und Hof zu betreiben. Nur noch wenige Schafhalter bringen ihre Herde per LKW auf die Sommer- oder Winterweiden. Doch die anderen Probleme bleiben.

Nicht nur fordern seine Schafe den Schäfer die ganzen 365 Tage des Jahres, er ist auch vielen, manchmal schwer zu erfüllenden gesetzlichen Auflagen ausgeliefert. Vom Erlös der Schlachtlämmer kann er nicht leben und die Wolle ist fast schon zu einer Belastung geworden. Er muss andere Perspektiven suchen. Er erhält zwar EU-Gelder, auf die er gern verzichten würde, könnte er seine Schäferei mit Tatkraft und Wissen so führen, dass er ein gerechtes Einkommen erzielen und diese Abhängigkeit abschütteln könnte. Der Schäfer von heute ist gefangen im Netz der Vorschriften seines Landes und der Europäischen Union.

Wanderschäfer auf der Reise. Sein Deutscher Schäferhund wehrt auf der gefährdeten Seite und macht Druck auf die Herde, damit sie sich weiterbewegt.

Schäferlehrling Fritz Dangel,
Böhringen-Donnstetten

Der Winter 1962/63 war einer der kältesten des 20. Jahrhunderts. Sogar an der breitesten Stelle war der Bodensee zugefroren und der Schäferlehrling Fritz Dangel bestand eine außergewöhnliche Bewährungsprobe. 200 Jährlinge und nicht trächtige Tiere brachte man von Wendlingen mit dem Zug nach Schliengen, Landkreis Lörrach, Schafe und Hund im Güterwagen, der angehende Wanderschäfer durfte auf die Lok. Die Fahrt hatte einen Tag gedauert. Beim Ausladen und auf dem Weg zur wenige Kilometer entfernten Winterweide in Mauchen war der Feldschütz dabei. Einen Stall gab es nicht, galten doch die Winter hier als die mildesten in Deutschland. Für den 15jährigen Dangel sollte es anders kommen. In seinem Tagebuch berichtete er:

Info

Während der Ausbildung sind die jungen Schäfer verpflichtet, ein sehr detailliertes Berichtsbuch zu schreiben.

„Die Weide kann man im Durchschnitt der Jahre als gut bezeichnen. Der Schnee ist immer bald wieder weg. Allerdings zeigte sich der Winter als Ausnahme, es war sehr kalt und hatte viel Schnee. Für mich als Anfänger war es eine harte Probe, ich werde diesen Winter in meinem Leben nicht vergessen.

Der Pferch wurde auf einen Acker gestellt, wo das Vieh ein wenig Schutz hatte. Mein Hund und ich wurden von den Bauern verköstigt. Anfangs Februar trocken und strenge Fröste. Ende Februar strenge Nachtfröste und nicht tauend. Trotz der kalten Witterung hatte ich keinen Ausfall, der Herdenbestand ist gleich geblieben.

Dafür aber wurde in diesem Monat der Schnee immer höher und die Kälte immer strenger. Es war unmöglich, dass sich das Vieh auf den Hauptweideflächen noch einscharren konnte. Ich stand allein auf weiter Flur und wusste mir bald nicht mehr zu helfen. Mein Lehrherr hütete ja selber die Lammschafe und konnte unter diesen Witterungsverhältnissen keine Stunde weg. Durch Fernruf hat er mir immer neue Aufträge erteilt.

Ich musste Heu und Hafer beifüttern. Es war für mich als 15jähriger sehr schwer, für Heu und Hafer zu sorgen. Pro Kopf und Tag fütterte ich zwei Pfund Heu, und zwar legte ich es an Gartenzäunen entlang, stellte Hurden davor, sodass auf diese Art am wenigsten verdorben war. Der Pferch wurde an windgeschützten Stellen aufgeschlagen. Anfangs März verließ der Schnee endlich das Land.“

Fritz Dangel mühte sich noch mit einem schweren Holzpferch ab, bei gefrorenem Boden war die Handhabung ein Problem. Wenigstens schlief der Schäferlehrling bei den Bauern, die den Pferch wollten, und über die Verpflegung konnte er nicht klagen.

Sehr begehrt war der Pferch auf den Kartoffeläckern, die Bauern zeigten, wo sie ihn haben wollten. Als es anfing zu tauen, kamen die Schafe auf die Wiesen, denn auf den Äckern blieb das Wasser stehen. Ein Jährlingsschaf bekam Lungenentzündung, Fritz Dangel musste es notschlachten, das Fleisch verkaufte er an Landwirte.

Am 15. März lief die Pacht ab und Dangel rüstete sich für die Heimreise. Den Weg zu Fuß nach Hause kannte er nicht. Da die württembergischen Schäfer, besonders die von der Alb, die meisten Weiden in Südbaden besetzt hatten, schloss er sich dem zehn Jahre älteren Nachbarschäfer Melchior Ochs aus Zainingen an. Der hatte mit seinen 240 trächtigen Schafen das gleiche Ziel, den Truppenübungsplatz Münsingen. Dangels Schafe waren mit Kerbe im linken Ohr vorne und mit roten Farbtupfern gezeichnet. Über Kandern, Schopfheim, Wehr, Säckingen, Waldshut, dem Randen, Engen, Stockach, Pfullendorf, Riedlingen, Zwiefalten kamen sie am 26. April in Münsingen an.

Für Dangel gab es keine Pause, einen Tag später übernahm er von seinem Lehrherrn 120 Mutterschafe, 120 Lämmer und 40 Brackschafe und reiste auf die Vorsommerweide nach Bissingen an der Teck. Am 20. November 1963 machte er sich mit 192 Schafen von der Vorwinterweide in Tomerdingen bei Ulm wieder auf ins Südbadische. Jetzt wanderte er in entgegen gesetzter Richtung und wunderte sich, dass alles ziemlich anders aussah als im Frühjahr. Am 7. Januar 1964 ereichte er Mauchen ohne Verluste. Elektronetz und Batterie für den Pferch hatte sein Esel getragen, das war eine riesige Erleichterung, ja fast sogar Luxus.

Wanderschäfer bei der Burg Teck auf der Schwäbischen Alb. Postkarte von etwa 1960.

Eine vorherrschende Schafrasse

Doch noch immer spielt die Wanderschäferei in Baden-Württemberg eine nicht unbedeutende Rolle und geschätzte 75 % aller Tiere gehören der robusten Rasse Merinolandschaf an, die sich auch mit schlechterer Grasqualität begnügt. Zurzeit weiden auf der Schwäbischen Alb im Sommerhalbjahr bis zu 100.000 Schafe.

Stationäre Hütehaltung

Die bisherige Form der Schäferei wird durch knapper werdende Herbst- und Winterweiden, Straßenbau und Siedlungen immer schwieriger. Mit den Flurbereinigungen sind alte Triebwege verschwunden oder wurden verlegt.

So wird die stationäre Hütehaltung, bei der der Schäfer eine Hofstelle mit Schafstall bei den Sommerweiden hat, immer wichtiger. Dabei befährt der Schäfer während der Vegetationsperiode die Flächen mit seiner Herde in Hütehaltung. Im Winter in Stallhaltung werden die Schafe mit Silage und Heu gefüttert, das selbst erwirtschaftet oder selten auch zugekauft wird. Durch die stationäre Hütehaltung ist ein geregeltes Familienleben möglich und der Schäfer kann sich am sozialen Leben beteiligen.

Eine besondere Landschaftsform – Die Sommerschafweiden der Schwäbischen Alb

Sie sind die Heimatweiden vieler Wanderschäfer, ihr charakteristisches, archaisch anmutendes Bild: Eine Wacholderheide mit Schäfer, Hund und Herde. Alles stimmt, entspricht den Erwartungen und scheint auch so in Ordnung zu sein. Ganz normal und unverzichtbar heute ist für den Schäfer aber auch Hightech auf vier Rädern, Klimaanlage, Navigation und Handy. Doch wie sind diese Wachholderheiden entstanden? Welche Eingriffe in die Natur haben stattgefunden, wie haben sich Flora und Fauna angepasst und weiter entwickelt?

Als nach dem späten Mittelalter die Schafhaltung in Süddeutschland hauptsächlich der Wolle wegen erheblich zunahm, wurde der Beweidungsdruck auf die Alb immer stärker. Lichte Wälder verschwanden durch Rodung, Tritt und Verbiss gestalteten den Boden zu offenen Weiden, und der Schäfer half mit Schippe und Axt nach, dass die von den Schafen verschmähten Gehölze nicht überhand nahmen.

Es bildeten sich die Kalkmagerrasen. Diese flachgründigen, stickstoffarmen Böden unterlagen einem hohen Lichteinfall und starken Temperaturunterschieden. Sie speicherten nur wenig Wasser, ihr Nährstoffgehalt nahm ab. Leicht sind sie schon aus der Ferne an ihrer bräunlichen Farbe zu erkennen, ein Zeichen, dass nie gedüngt wurde.

Gut zu wissen

Die Schafe befördern in ihrem Fell und mit den Klauen die Pflanzensamen. Damit unterstützen sie Neubesiedlung, Artenaustausch oder die Wiederbesiedlung isolierter Flächen mit vielerlei Pflanzenarten. Auch Tiere, wie etwa Heuschrecken, überwinden als Passagiere auf den Schafen Straßen oder Flüsse, die sie ohne sie niemals geschafft hätten.

Kalkmagerrasen findet man nicht nur im Bereich der Jurakalke der Schwäbischen Alb, sondern auch im Oberrheingebiet, den Kocher- und Jagsttälern, im Taubergebiet, im Bauland und den Oberen Gäuen. Auf ihnen bildete sich eine bunte Pflanzenvielfalt.

Von den Schafen gefressen werden alle süßen Gräser, wie Aufrechte Trespe, Schafschwingel, Wiesenkamm-, Zitter- und das Pyramiden-Schillergras. Pflanzen mit bitteren oder giftigen Inhaltsstoffen bleiben stehen. Dies sind die Enzianarten, Feld-Thymian, Wermut, Gewöhnliche Küchenschelle und Zypressen-Wolfsmilch. Wacholder, Schlehe, Weißdorn schützen sich mit Dornen vor den gefräßigen Mäulern der Schafe, die die Silberdistel, das Wahrzeichen der Schwäbischen Alb, deshalb ebenfalls verschmähen.

Besonders die Orchideen erfreuten natürlich ihre Liebhaber und sind doch gleichzeitig Auslöser heftiger Gefechte zwischen Schäfer und Naturschützern. Eine weitere Bedeutung haben die Magerweiden für Schmetterlinge und Heuschrecken. Werden Magerwiesen nicht mehr genutzt, schließt und verändert sich die Pflanzendecke mit hochwüchsigen Arten, Gehölze, wie Schlehe, Liguster und Roter Hartriegel, erobern die Landschaft und früher oder später ist wieder alles bewaldet.

Die Wanderschäferei oder die vielleicht mehr Zukunft versprechende, standortgebundene Hüteschäferei ist in der Lage, die Kalkmagerrasen und Magerwiesen zu nutzen. Es geht um die Weiterführung, beziehungsweise Wiederaufnahme der früheren

Kalkmagerrasen, auch ein typisches Bild im Nördlinger Ries.

Landschaftspflege mit Schafen und Ziegen im Landkreis Ansbach-Neudorfer Hut.

Bewirtschaftung, also der ein- oder höchstens zweischürigen Wiesennutzung und der Beweidung. Ohne dies würde diese Kulturlandschaft unwiederbringlich verschwinden.

Fast schon verloren

Es ist noch nicht so lange her, da schien es schon, als wäre nichts mehr zu retten. Aufforstung, Landwirtschaft, Siedlungsentwicklung und der Rückgang der Schäferei schienen eine lange Tradition empfindungslos zu beenden. Bis eine Wacholderheide sich wieder in Wald verwandelt hat, dauert es gerade mal eine Generation.

Es wuchs die Einsicht, dass es nötig ist, viele Flächen umsichtig, aber auch konsequent in eine extensive Bewirtschaftung rückzuführen. Dazu müssen aber Ökologie und Ökonomie übereinstimmen. Die Wissenschaft unterstützt die Umsetzung der realen Projekte, die letztendlich zu einem Gewinn für alle führen.

Man muss die Magerrasen und die am meisten zurückgegangen Mähder (Mähwiesen), die deswegen seit vielen Jahren unter Naturschutz stehen, ausdehnen und wieder mit Triebwegen verbinden. Es müssen also neue Triebwegekonzepte für die Herden ausgearbeitet und realisiert werden. Die nötigen Flächen dafür gehen bei der Zuteilung ins Gemeindeeigentum über und werden im Grundbuch festgehalten.

Wiederherstellung von Kalkmagerrasen

Es gibt mehrere Möglichkeiten der Regenerierung: Beweidung, Mähen mit oder ohne Abräumen, Mulchen. Ist kein Schäfer zu finden, sind maschinelle Pflegemaßnahmen unumgänglich. Bevor die Weidetiere ihre Arbeit wieder tun können, müssen außerhalb der Vegetationszeit Büsche und Bäume mit Mähern und Freischneidegeräten entfernt werden. Das Abbrennen wäre nur als letztes Mittel denkbar. Ob dann sofort das Merinolandschaf die Weide wieder nutzen kann oder ob zuerst in Koppeln gehaltene, genügsamere Schafrassen und Ziegen die verfilzten Flächen besetzen, hängt von den Gegebenheiten ab.

Die Schäfer brauchen ausgewiesene Pferchäcker, denn nur in Ausnahmefällen soll auf der Weidefläche gepfercht werden. Gehölze sind zu beseitigen, wobei Bäume in ausreichender Zahl erhalten bleiben sollen, als Schutz für die Schafe vor der Sonne an heißen Tagen. Da die heutigen, noch immer ziemlich genügsamen Merinolandschafe wesentlich größer sind als ihre Vorfahren, brauchen sie eine höhere Futtermenge. Ein Verbund mit ertragreichen Wiesen ist deswegen auch anzustreben.

Letzten Endes entscheidet ein professionelles Weidemanagement über den Erhalt der Kalkmagerrasen und Magerwiesen, wobei Schäferei und Naturschutz den gleichen Weg gehen sollten. Viele sind an solchen Projekten beteiligt, die Gemeinden mit ihren Weiden, die Schäfer, die Landratsämter, der Naturschutz, die Revierförsterei und ehrenamtliche Mitarbeiter.

Es dauert nur fünf Jahre bis der ehemalige Zustand wieder hergestellt ist. Unterm Strich wird die Beweidung kostengünstiger sein, als die Landschaft ohne Weidetiere zu pflegen, selbst wenn die Ausgleichszahlungen an den Schäfer eingerechnet werden.

Wanderschäferei in Bayern

Der gesamte süddeutsche Raum zeigt das Bild eines stark zersplitterten Grundbesitzes und vorwiegend kleinbäuerlichen Betriebsverhältnissen. Dies hat die Entwicklung von Wanderschäfereien aus zwei Gründen günstig beeinflusst. Das in den Betrieben anfallende absolute Schaffutter reicht nicht für eine wirtschaftliche Nutzung in der eigenen Schafhaltung. Durch ihren Überbesatz an Arbeitskräften sind die Kleinbetriebe gezwungen, einen Arbeitsausgleich zu suchen. Billig zuzupachtende Futterflächen bieten den Wanderschäfern eine vom eigenen Boden unabhängige Nutztierhaltung.

Bayerische Schafherde auf der Wanderschaft, April 1951, Archiv Landesverband Bayerischer Schafhalter.

Wandergebiet

Bis zur Mitte des 19. Jahrhundert hatte sich das Wandergebiet der süddeutschen Wanderschafhaltung vollständig ausgebildet. Es erstreckte sich zwischen Passau und Kaiserslautern über 400 km und vom Bodensee bis ins Hessische Bergland über 300 km.

Die Städte München und Augsburg waren durch günstige Absatzbedingungen und ausgedehnte Industrie-, Bauplatz-, Übungs- und Flugplatzgelände Zentren der Schafhaltung. Die Iller- und

Lechplatten boten ein vielseitiges Schafweidegebiet mit Winter-, Sommer- und ganzjähriger Weide.

Die Wanderwege in diesen Gebieten sind nicht genau festgelegt, es werden nur allgemeine Routen vorgegeben, abhängig von örtlichen Verhältnissen, privaten Abmachungen und den Pachtverträgen der Schäfer. Es liegt in ihrem Ermessen, durch Benützung von Feldwegen und Nebenstraßen einen Zickzackkurs einzuschlagen, der eine Nutzung örtlicher Futterquellen ermöglicht.

Karl Rothgang *wanderte von 1966 bis 2002 in den Raum Karlsruhe zur Winterweide. In Singen hatte er 36 Jahre ununterbrochen sein Quartier bei der Familie Wetzel.*

Wanderleben

Der tatsächliche Weg eines Schäfers, der mit einer Herde im Fußmarsch bis zu 15 km am Tag zurücklegt, kann drei- bis viermal so lang sein wie die Luftlinie zwischen Sommer- und Winterweide. Der Schäfer ist je Strecke rund drei bis fünf Wochen unterwegs.

Die Wanderung von der Winter- zur Sommerweide wird in der Regel schneller zurückgelegt, da es im Frühjahr schon wieder länger hell ist und man eine größere Tagesstrecke schafft. Andererseits gibt es mehr Schwierigkeiten mit den Bauern, weil diese die Schafe nach Beginn der Vegetationsperiode nicht mehr gern auf ihren Äckern und Wiesen dulden und die Herde auf der Straße bleiben muss. Aus tierseuchenhygienischen Gründen muss der Schäfer eine bestimmte Marschroute einhalten. Im Kontrollbuch sind die Daten von Beginn und Ende des Treibens festgelegt.

Auch in Bayern hat der Wanderschäfer unterwegs keinen Stall. Bis in die 1960er-Jahre gab es noch die Möglichkeit, die Herde über Nacht in einem Stadel, Bauerngarten oder bereitgestellten Pferch unterzubringen.

Nirgends ist das Ineinandergreifen eines Wirtschafts- und Kulturlandschaftsgefüges deutlicher als bei diesen Herdenwanderungen, die vom Gang der Jahreszeiten zwischen Regensburg und Kaiserslautern, zwischen Lörrach und Würzburg in den verschiedenen Richtungen bestimmt werden. Diese Wanderungen verlangen vom Schäfer Urteilskraft, Einfühlungsvermögen, Pflichtbewusstsein und Sorgfalt bei der Meisterung unvorhergesehener Situationen, wenn er 500 km und mehr mit seiner Herde zu Fuß zurücklegt. Dabei weit weg von der Familie, in „Kost und Logis" bei Bauern, in Gasthäusern oder „Schäferherbergen", mit dem Schäferkarren, der Landstraße und einem großen Teil Süddeutschlands als seine Heimat. Mit den jahreszeitlichen Wanderungen wurde der Schäfer auch zum Kulturträger und Kulturvermittler, er brachte Lieder, Erzählungen und Nachrichten von Ort zu Ort.

Ab Mitte der 1960er-Jahre waren immer weniger Bauern bereit, die Wanderschäfer mit ihren Herden auf ihre Flächen zu lassen. Um davon unabhängig zu sein, pachteten einige Schäfer Weiden, bevor sie auf Wanderung gingen und transportierten auf einem Esel Elektrozäune mit. So konnten sie Weideflächen einzäunen oder sie als Pferch benutzen. Oft zogen sie über mehrere Jahre hinweg immer wieder auf die gleiche Weide. Von den Pachtflächen erfuhren sie über Mundpropaganda, von anderen Schäfern oder aus Anzeigen in Zeitungen, vor allem der Süddeutschen Schäfereizeitung.

Agrarentwicklung und Wanderschäferei

Der überwiegende Teil der Herdenhalter aus dem Landkreis Eichstätt in Oberbayern wanderte über Jahrzehnte zu ihren Herbst- und Winterweiden über das Donautal nach Niederbayern (Raum Dingolfing), um an ihren traditionellen Standorten bis zum Frühjahr zu bleiben. Ab April kehrten sie über das Laaber- und Altmühltal wieder zurück zu ihren Sommerweiden im fränkischen Jura.

Als Wanderwege und Ernährungsgrundlage für die Schafherden dienten die ausgedehnten Grünlandflächen in diesen großen Flusstälern. Ende der 1970er-Jahre war durch den forcierten Maisanbau der Trieb in diesen Gebieten nicht mehr möglich. Mit dem Rückgang der Wiesenflächen durch Umwandlung in Ackerland wurde auch der Raum der Brachvögel stark eingeengt und damit die Restflächen für den Schäfer zu wenig. Dies führte zu Konfliktsituationen zwischen Naturschutz und Schäferei. Für die Naturschutzbehörden war dies auch ein Grund, in diesen Flusstälern mit Vollzug des Wiesenbrüterprogrammes den Trieb zu verbieten.

Seit 1960 begann die Intensivierung und Mechanisierung der gesamten Landwirtschaft. Damit verkleinerte sich besonders die Herbstfutterfläche, folgte doch dem Mähdrescher der sofortige Umbruch der Stoppel, teilweise mit Einsaat einer Zwischenfrucht. Rigorose Flurbereinigungen der 1960er- und 70er-Jahre ließen die absoluten Weideflächen auf den Sommerweiden schrumpfen und die traditionellen Triebwege verschwanden. Die Ausdehnung der Milchviehhaltung, einhergehender Maisanbau, vermehrte Gülleerzeugung und die neuere Entwicklung der Biogasanlagen taten ein Übriges.1990 waren es nur noch wenige Herden, die wirklich wanderten, denn Weidewechsel im Bereich von 20 bis 50 km um den Betriebsstandort sind nicht als Wanderschäferei zu bezeichnen.

Info

Im Laufe der letzten 30 Jahre entwickelte sich auch in Bayern endgültig aus den Wanderherden eine standortgebundene Hütehaltung. Hierbei liegen die Weiden in der Regel nicht weiter weg als 50 km vom Betriebsstandort, die Schäfer wohnen zu Hause. Auch werden keine weit entfernten Winterweiden mehr aufgesucht.

Schafhalter Robert Hackner, Ansbach, geb. 1947

Robert Hackner mit seinen Altdeutschen Hütehunden.

In einem interessanten Gespräch berichtet Robert Hackner, wie er sich aus kleinen Anfängen und mit Leidenschaft eine Wanderschäferei aufbaute. Den Schritt in die Selbstständigkeit tat er im Jahr 1996. Seine Betriebsform ist die Wanderschäferei wie man sie aus den 1950er- und 60er-Jahren kennt. Er ist ein Schäfer ohne „Halm und Ähre".

Seine 550 Mutterschafe mit Nachzucht und Weidelämmerproduktion ernährt er ganzjährig auf gepachteten Sommer- und Herbstweiden im Raum Ansbach / Gunzenhausen. Die Winterweiden befinden sich in der Gegend um Roth / Nürnberg. Dort hat er zur Unterbringung der Herde in strengen Wintern einen Stall gepachtet. Er kauft das Grundfutter bei ortsansässigen Landwirten an. Landmaschinen besitzt er nicht. Die Mutterschafe lammen nur einmal im Jahr, zu Beginn der Sommermonate.

Hackner ist der einzige Herdenhalter im Raum Ansbach. Somit ist für seine Herde eine ausreichende Futtergrundlage vorhanden. In den Nachkriegsjahren dagegen gab es in Mittelfranken in fast jeder Ortschaft einen Schäfer. Problemlos für ihn sei es, die Genehmigung der hiesigen Veterinärverwaltung für den Trieb über mehrere Landkreise hinweg zu bekommen, das Kontrollbuch nach wie vor das wichtigste Dokument dafür.

Die aktuellen Probleme

Zusätzliche Wanderungen in andere Bundesländer, vor allem für eine Winterweide, kommen für ihn nicht mehr in Frage. Erstens kann man im Rheingau keine Winterweide mehr pachten, dann sind der Trieb aus verkehrstechnischen Gründen nicht möglich und die Veterinärauflagen bezüglich Seuchengefahr und neuer, eingeschleppter Krankheiten bei Schafen zu umfangreich und streng.

Die Gülleausbringung, gedrängt in einen amtlichen Zeitplan, ist langfristig der Tod der Schäferei. Auch fehlen Nachwuchs und Ersatzschäfer bei Krankheits- und Unglücksfällen innerhalb einer Familie. Flächenhunger und Pachtpreise der Biogasbetreiber sind ein Problem, vor allem wenn Naturschutzflächen zukünftig mit einbezogen werden. Gewerbegebiete und Straßen überwiegend in Dörfern und in Kleinstadtnähe engen die Weide- und Triebmöglichkeiten ein. Und nicht zuletzt machen Outdoor-Freizeitaktivitäten und Hundehaltung den Schäfern viele Probleme und verlangen starke Nerven.

Die Landschaftspflege ist gefährdet, wenn die Hütehaltung weiter an Boden verliert. Anreize durch Kommunen über Stallbau, Verpachtung an Schäfer, und Verbesserung der Weidemöglichkeiten könnten dieses

Problem langfristig mildern. Insgesamt sieht Hackner trotzdem die heimische Schafhaltung langfristig auf einem guten Weg. Es habe schon immer Tiefpunkte gegeben, die gelte es zu überwinden.

Wie lässt sich eine solche Betriebsform heute wirtschaftlich betreiben?

Dazu hat Hackner folgende Antworten:

- **Anpassung** an den Wandel der Zeit und ein Gefühl für die Trends in Landwirtschaft und Bevölkerung.
- Ohne die verschiedenen staatlichen **Förderprogramme** wäre die Wanderschäferei nicht wirtschaftlich, und steigende Kosten gleichen auch gute Lämmerpreise nicht aus.
- Schwerpunkt in der Wanderschäferei ist die **Tiergesundheit**, eine wichtige finanzielle Investition, da die Schafhaltung im Blickpunkt der Öffentlichkeit steht und gesundheitliche Probleme innerhalb einer Herde sehr schnell von Presse und Bevölkerung (Freizeitgesellschaft) aufgegriffen werden.
- **Bildungsangebote** der staatlichen Beratung annehmen über Besuch von Fortbildungskursen und wenn möglich die Abschlussprüfung zum Tierwirt, Fachrichtung Schäferei, anstreben – ein Dokument als Nachweis für die gute fachliche Praxis, Betriebsführung und Förderungsmöglichkeiten.
- Gute **Zusammenarbeit** mit verschiedenen Behörden, Landschaftspflegeverbänden und berufsständischen Organisationen (Mitgliedschaft) – der Schäfer muss ein Einzelkämpfer sein, er muss immer voraus denken! Die Anlage von Pferchplätzen, Triebwegen und Schaftränken stehen hier im Vordergrund, und zwar im Rahmen der Landschaftspflege.
- Genaue **Planung** des Triebweges und der Weidemöglichkeiten im Herbst und Winter anhand von entsprechendem Kartenmaterial. Der Blick für die Flur ist sehr wichtig.
- Ausführliche **Gespräche mit den Landwirten**, um die Abneigung gegen die Schafhaltung abzubauen. Sie ist in den einzelnen Betrieben oft ein Generationsproblem.
- **Weidenischen nutzen**: Mit dem Strukturwandel haben viele Betriebe in der Größe von 20 bis 30 ha aufgegeben. Deren Flächen fehlen als Herbst- und Winterweide. Dafür entwickelten sich in den letzten Jahren viele kleinere und größere biologisch wirtschaftende Betriebe, die auf Grund ihrer Fruchtfolge neue Weidemöglichkeiten im Herbst und Winter bieten.

Hackners Strategie

Er fährt die Ortschaften im Voraus ab und bereitet die Beweidung jährlich logistisch anhand eines Planes A und B mit genauen Aufzeichnungen (Tagebuch) über Weiden und Witterung vor. Er handelt nach dem Motto: „Eine hockende Krähe findet nichts“ und darum müsse man aktiv sein, um einen wirtschaftlichen Erfolg zu erzielen.

Lebens- und Arbeitsweise in der Wanderschäferei

Die Kleidung des Schäfers

Schäfer sind beim Hüten und auf der Reise jedem Wetter ausgesetzt. Ob bei Hitze oder Kälte, Gewitter, Dauerregen und Schnee, er muss einfach durchhalten, um die Herde abends satt in den Pferch zu bringen. Man sich kaum vorstellen, wie die Schäfer früher widrigen Verhältnissen getrotzt haben. So steckten zum Beispiel ihre Füße in den absatzlosen Bund- oder den derben mit Stroh ausgelegten Holzschuhen. Bei der Kleidung mussten sie das nehmen, was üblich und erschwinglich war, praxisgerecht und an der Qualität ausgerichtet.

„Einen Hut als Witterungsschutz, einen Mantel gegen Regen und Kälte, eine Schippe und Gottvertrauen!“

Karl Rothgang

In den letzten Jahren wurden durch neue Materialien manche Kleidungsstücke zweckmäßiger und modischer. Auf den ersten Blick unterscheidet sich der Schäfer in der Kleidung nicht sonderlich von anderen, denn gutes Schuhwerk, Hose, Pullover, Jacke, Mantel und Hut sind allgemein üblich. Bundeswehr-, Moleskin- oder Latzhosen, alle finden ihren Träger – je nach Sympathie.

Schäferhemd

Es ist neben der Schippe das unverkennbare Zeichen seines Berufsstandes. Und nachdem der Bauernkittel, das

Blauhemd, das ähnlich in Aussehen und Zweck ist, nur noch zu festlichen und nostalgischen Anlässen getragen wird, ist das Schäferhemd noch lange das Kleidungsstück, das seinem Träger den besonderen Status verleiht. Durch das Waschen verblasst die Farbe, deshalb hat der Schäfer zu Festen und Beerdigungen ein besonderes Hemd parat.

Das geräumige Hemd hat lange Ärmel, einen Stehkragen mit anschließender Knopfleiste weit nach unten. So kann der Schäfer es auch über den beliebten, nicht ganz schäfergerechten Parka ziehen und ist wieder elegant. In die zwei tiefen Brustbeuteltaschen passen viele Gegenstände, die der Schäfer braucht, wenn er zum Beispiel ein Schaf umsetzt und behandelt. Sein Klauenmesser hat er aber in der Hosentasche, und wenn er danach greift, fährt er durch einen der Seitenschlitze des Hemdes.

Meistens schwarz, aus Baumwolle, wird das Schäferhemd über den Kopf gezogen und schützt die Kleidung darunter vor Schmutz und Nässe bis unterhalb der Knie.

Schuhe

Vom normalen Stiefel zum Schaftstiefel, vom NVA-Filzstiefel zum Thermogummistiefel reicht die Auswahl. Die etwas militärischen Schaftstiefel sieht man im Alltag nicht mehr so oft, eher bei besonderen Veranstaltungen wie den Bockmärkten oder Leistungshüten, doch haben sie unbestreitbar ihre Vorteile. Sie schützen die Beine vor Verletzungen und die Stiefelhosen vor Nässe. Eine Alternative dazu sind Gamaschen, die man bei Bedarf anknöpfen und wieder abnehmen kann. Das wichtigste, Schuhe oder Stiefel müssen unbedingt wasserdicht sein.

Hut

Die Auswahl wäre auch hier fast unerschöpflich, doch der Schäfer entschließt sich seit eh und je für den Filzhut mit breiter Krempe. Der kann mittlerweile wasserdicht beschichtet sein. Eine Strickmütze aus Schafwolle ersetzt den Hut, wenn er bei Arbeiten hinderlich ist, bei sengender Hitze ist ein Strohhut akzeptabel, alle anderen trendigen Kopfbedeckungen sind wieder auf dem Rückmarsch.

Lodenjacke, Schaftstiefel und Stiefelhose: die Kleidung der Schäfer um 1935.

Ein Zeichen, dass sich die Schäfer trotz aller Schwierigkeiten wieder ihrer Berufsehre bewusst werden.

Lodenjacke und Wintermantel

Die Lodenjacke wird immer mehr vom olivfarbenen, wind- und wasserdichten, warm gefütterten Parka mit seinen vielen Taschen verdrängt. Unter dem Schäferhemd wird er gerne auf der Frühjahrs- und Herbstweide getragen. Und er ist wesentlich preiswerter als eine echte Lodenjacke. Für den Schäfer jedoch, dem Schafwolle noch am Herzen liegt, gilt sie als ein Produkt erster Qualität und Tradition.

Ebenso ist es mit dem Wintermantel, einer aus Loden ist praktisch eine Anschaffung fürs Leben. Jetzt auch tailliert geschnitten ist er eine Augenweide und mit einer Pelerine oder einem Regencape darüber bei Nässe und Schnee, kann nichts mehr passieren. Man bedenke, eine Lungen- oder Rippenfellentzündung auf der Wanderschaft wäre für den Schäfer eine Katastrophe.

Schäferschippe

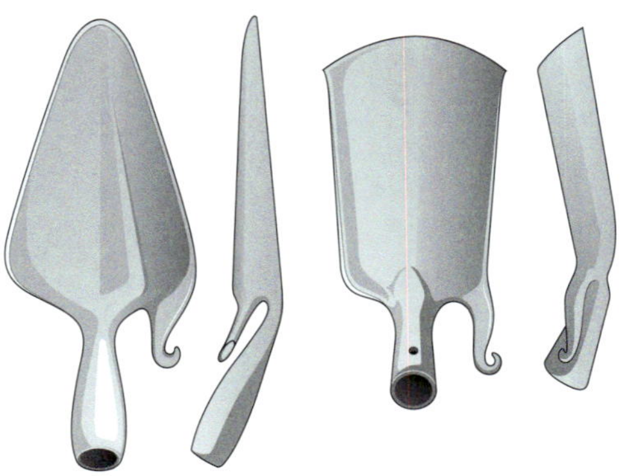

Schäferschippen in verschiedenen Formen. Nach Heimberger, 1955.

Der Schäfer hat ein emotionales Verhältnis zu seiner Schippe. Sie ist sein Handwerkszeug, das Symbol seines Standes. An der Schippe erkennt man den Schäfer, sagen die Bauern und weiter, ein Schäfer mit einer rostigen Schippe tauge nichts.

Die Schippe in ihrer Funktion reicht bis ins 15. Jahrhundert zurück. Man muss mit ihr Erde werfen, ein Schaf einfangen und auf der Weide Gehölze ausstechen können, um der Verbuschung Einhalt zu gebieten. Gegebenenfalls wurde sie auch als Waffe eingesetzt.

Vorläufer waren die Hirtenkeule, der Hakenstock und der Schäferstab mit dem gebogenen Ende zum Einfangen. Im eisenarmen Südeuropa fertigten die Schäfer ihren Stock oder Fanghaken aus Holz selbst an. Während in Ländern mit großen Weideflächen das Hüten der Schafe nicht so aufwendig war wie in Zentraleuropa, musste hier ein Gerät entwickelt werden, das zusammen mit dem Hund dem Schäfer half, in den intensiv landwirtschaftlich genutzten Räumen eine gute, ehrliche Hütearbeit zu leisten.

„Die Schippe blank, scharf der Hund."

Geschickte Dorfschmiede gestalteten die Schippen in höchster Vollendung, es war handwerkliche Kunst, und mancher ließ niemand bei seiner Arbeit zusehen. Anfang des 19. Jahrhunderts etablierten sich Schmiede, die nichts anderes herstellten. In dieser Zeit löste die Herzschippe, die bis dahin gebräuchlichen Formen des Schäufelchens und der Löffelschippe ab. Zuvor hatte sich schon ein brauchbarer Haken an der Schippe entwickelt, mit dem beim Einfangen das Sprunggelenk des Tieres nicht verletzt wurde.

Beim Stock, der aus Schwarzdorn im Oktober geschnitten wird, zeigen viele Schäfer eine besondere Kreativität. Manchmal ist er mit Messingnägeln beschlagen.

Legendäre Schippenschmiede im 19. und 20. Jahrhundert
Georg Philipp Arnold von Korb, eingemeindet in Möckmühl, Michael Hummel, Weiler bei Rottenburg, Wilhelm Balle, Pommertsweiler bei Aalen, Bernlöhr, Algishofen bei Untergröningen. Die handwerkliche Tradition setzte sich erfolgreich in den Nachfolgern bis Mitte des 20. Jahrhunderts fort.

Der Schäferkarren

Die ganze Härte eines Lebens bei den Tieren zu beschreiben, braucht nur wenige Worte:

„Die Schäfer hatten zerbrechliche Hütten, die alljährlich repariert werden mussten, und schliefen auf Schafhäuten, die auf ungegerbten Rinderhäuten lagen, mit einem wollenen Mantel bedeckt, meistens schliefen sie außerhalb und nahe bei der Herde, eingehüllt in ihre Wollmäntel, wachend gegen wilde Tiere und Diebe."

„Ihre Winterbehausungen waren Schilfhütten mit Weidenrahmen in der typischen kegelförmigen Gestalt eines Bienenkorbes."

„Die Schutzräume für die Schäfer sind kegelförmig aus Ästen, mit einer niedrigen Mauer aus Rasenstücken, das Dach ist mit Heidekraut bedeckt, unterstützt von schlanken Holzstangen."
(Ryder, 1983).

Schlupfkarren

Er ist als ältester zu nennen, auch Schäferbucht benannt und er verschaffte dem Schäfer rundum Schutz gegen jede Witterung, das wichtigste wohl. Und mit Strohsack, Kissen und Decken gab er ihm wenigstens ein schwaches Gefühl des Geborgenseins. Mit den Füßen voraus stieg er in seine ärmliche Hütte, die nur noch Platz für seine Habseligkeiten bot. Der Hund lag unter dem Karren zwischen den Rädern.

Uralter „Schlupfkarra“.

Einachsiger Schäferkarren.

Der Karren ist etwa zwei Meter lang, einen Meter breit wie in der Mitte hoch. Das Dach besteht aus Schindeln oder einfachen Brettern, manchmal mit Blechüberzug. Die Deichsel ist ebenfalls zwei Meter lang und ruht, um den Karren gerade zu halten, vorne auf einer Gabel. Auf der Rückseite stabilisierte man ihn mit Stützen. Der Schlupfkarren ließ sich leicht transportieren.

Großer Schäferkarren

Wohl im 19. Jahrhundert kam der große Schäferkarren auf. Er war ein „Haus“ auf einer Achse mit zwei Rädern. Es gab zwar auch Karren auf zwei Achsen, allerdings häufiger in Frankreich, Italien und England als in Süddeutschland. Stehhöhe und mehr Platz, nicht nur für das Notwendigste, verschafften dem Schäfer wesentlich mehr Komfort als beim Schlupfkarren. Und sein treuer Hund konnte ebenfalls geschützt die Nacht darin verbringen.

Lange Zeit führte der große Schäferkarren ein nützliches Dasein, mit einem Hauch von Romantik oder Erotik behaftet und jeder, der in seine Nähe kam, wollte unbedingt einen Blick hineinwerfen.

Vor einem halben Jahrhundert wurden die Karren verlassen, dann beseitigt oder einfach stehengelassen. Bis sie von Menschen, die sie als Kulturgut erhalten oder zum Übernachten in ihr Urlaubsangebot integrieren wollten, wieder entdeckt worden sind.

Die Schafhalter bestellten den Karren direkt beim Wagner oder Zimmermann und konnten somit ihre Vorstellungen anbringen. Doch sind Bauweise und Innenausstattung weitgehend identisch, entscheidend war Funktionalität. Sicher gab es beim Material und in der Bauqualität Unterschiede, aber das hing wohl vom Geldbeutel des Schäfers ab.

Die Wagenkastenmaße sind circa 1,80 Meter Länge sowie Breite, die Höhe ist 1,90 Meter. Ein abgerundeter Seitenschutz an der Vorderseite und sauber nach innen und unten geführte Wände, die den Rädern Platz schufen, verhalfen manchem Karren zu einem eleganten Aussehen, und er zeichnete gleichzeitig die Werkstatt aus.

Um das Dach gut zu schützen und für lange Zeit zu erhalten, bekam es einen Blechüberzug.

Vor Blitzen fürchteten sich die Schäfer im Karren nicht, doch wurde die tragische Geschichte eines jungen Hirten erzählt, der sich während eines Gewitters darin aufhielt. Er hatte seinen Hund angebunden, die Kette gedankenlos um den Eisenreifen gelegt – und fand den unentbehrlichen Helfer tot am Boden. Zu seinem Entsetzen kam jetzt noch das Problem, so schnell als möglich einen neuen Hütehund zu bekommen.

Für die Holzkonstruktion und Sparren verwendete man Buche, starke Bretter bildeten die Wände. Der Achsstock aus Eiche führte die eisenbereiften Räder mit 10 bis 12 Speichen im Durchmesser von 80 cm. Die stabile Deichsel war aus Eiche oder auch aus der ebenfalls harten Akazie.

Ob bei der Innenausstattung das Bett an der Rück- oder Längsseite angebracht war, blieb der Neigung des Auftraggebers überlassen. Mit festem oder klappbaren Tisch und dazu einem Hocker war die Einzimmerwohnung möbliert. In Regalen ließen sich Gebrauchsgegenstände unterbringen und persönliche Dinge, die dem Schäfer den Aufenthalt erträglich machten. Lebensqualität bedeuteten ein Ofen und ein Fahrrad, mit dem der Schäfer mobil war für Einkäufe, Erledigungen im Rathaus oder ein Schwätzchen am Abend.

Großer Schäferkarren, nach Kirschbaum: Populärer Unterricht in der Schafzucht, Stuttgart, 1862.

Im Jahre 1940 kostete ein solcher Schäferkarren 320,– Reichsmark, dazu kamen noch etwa 100,– Reichsmark für das Bettzeug und Geschirr.

Die Gemeinden, die ihre Weiden an den Schäfer verpachtet hatten, stellten oft die Pferchgeräte, nicht aber den Karren. Deshalb blieb nichts anderes übrig, als ihn mit der Bahn an eine Station in der Nähe seines Aufenthalts zu schicken, wo er dann von einem Bauern abgeholt wurde.

Das Pferchen der Schafe

Info

PFERCH, m., ahd. pharrich, farrich, pherrich, mhd. pferrich, pferch; nhd. pferch (im 16. jahrh. auch noch pfarrich ist im eigentlichen sinne eine umhegung, umzäunung, besonders zur aufnahme von vieh im freien. http://germazope.uni-trier.de/Projects/WBB/woerterbuecher/dwb/displaylinkinfo?lemid=GP03170

Jeder, der einmal erlebt hat, wie der Schäfer am Abend seine Herde in den Pferch führt und ihn schließt, kann sich diesem besonderen Vorgang nicht entziehen. Es ist der Augenblick, wenn die Arbeit mit all den Risiken eines Lebens unter freiem Himmel vollbracht ist. Und die Schafe, in der Regel gesättigt und zufrieden, beginnen sich langsam niederzulegen, eines nach dem andern. Man sieht und fühlt es, dass die Tiere sich geborgen fühlen. Eine Herde vermittelt das Gefühl, dass sie vor Hunger und Not beschützen kann.

Doch wer vielleicht insgeheim noch gehofft hat, neben dem Pferch einen Schäferkarren zu finden, ist viele Jahrzehnte zu spät dran. Dann wäre die „Idylle“ vollständig gewesen, doch eben nur für den Betrachter. Der Karren ist dem viel komfortableren Wohnwagen gewichen oder der Schäfer übernachtet bei Bauern, Bekannten, in Wirtshäusern oder nimmt sogar tägliche weite Fahrten in Kauf, um abends zu Hause zu sein.

Man kann davon ausgehen, dass schon die frühen Bauern ihre domestizierten Haustiere in Viehstellen zusammengehalten haben. Nachts zum Schutz vor wilden Tieren oder Räubern, und tagsüber, wenn sie nicht auf der Weide gehütet wurden, um ein Entlaufen oder Eindringen in die bebauten Felder zu verhindern.

Schon im Frühneolithikum gab es eine Transhumanz von den fruchtbaren Lößgebieten in die Mittelgebirge. Und auf einen schützenden Pferch, in welcher Form auch immer, war der Hirte dringend angewiesen. Bei der sommerlichen Nahweide gehen die Tiere abends in den Pferch oder kehren ins Dorf zurück.

Düngung

Neben dem Schutz der Tiere lassen sich mit dem Pferch gezielt Getreide- und Hackfruchtäcker mit äußerst wertvollem Dünger versorgen. Der Pferch wird zum betriebswirtschaftlichen Vorteil der Schafhaltung, weil durch die Tiere spärlicher Graswuchs von Ödungen und minderwertigen Weiden in Dünger umgesetzt wird.

Es mag wundern, doch der Dung der Schafe war lange Zeit genauso wichtig wie Wolle und Fleisch. Als im 12. und 13. Jahr-

„Da führen die Hirten ihre geflochtene Hürten oder Netze mit sich, vnd andere sachen, die sie darzu benötiget seyn, damit vmbgeben sie die Schafe auff dem Felde."

(Coler, 1645)

Die Horden entstehen auf folgende Weise:

„Man steckt dünne Stäbe in kleinen Entfernungen von einander senkrecht in die Erde, und flicht Ruten von Weiden, von Haselsträuchern, oder auch von anderem leichten und biegsamen Holze zwischen dieselben ein. An beiden Enden jeder Horde müssen etwas stärkere Stäbe, oder vielmehr tüchtige Knüttel dazu genommen werden. Wenn man nun eine solche Horde zusammengeflochten hat, so hebt man sie wieder aus der Erde heraus, und trägt sie zum beliebigen Gebrauche, wohin man will. An den Horden lässt man drei Öffnungen im Geflecht, an jedem Ende und in der Mitte, durch die ein starker Pfahl, der als Strebe dient, hindurchgeschoben werden kann. Im oberen Ende werden zwei Löcher in die Strebe gebohrt. Wenn diese gesteckt ist, befindet sich das eine außerhalb, das andere innerhalb der Horde. Durch die Löcher steckt man zwei hölzerne Pflöcke, somit kann sich die Horde weder ein- noch auswärts bewegen. Am unteren Teil der Strebe ist ebenfalls ein Loch, durch dieses wird ein hölzerner Nagel in den Boden getrieben und verleiht der Strebe einen festen Halt." (Wichmann, 1795).

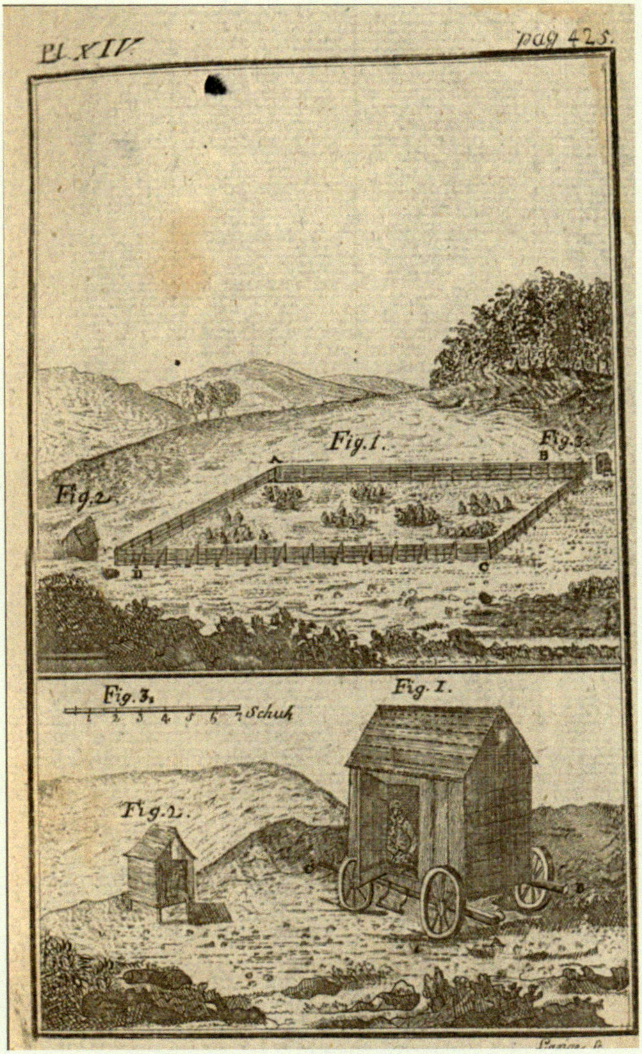

Der Pferch mit geflochtenen Horden aus: Daubenton, Katechismus der Schafzucht von 1795.

hundert die Versorgung der Menschen mit Getreide immer wichtiger wurde, schlug die Stunde des planmäßigen Pferchens. Es war von nun an aus der Landwirtschaft nicht mehr wegzudenken. Erst mit Mineraldünger, Stallhaltung und verbesserten Transportleistungen trat der Pferch in den Hintergrund.

Im 15. und 16. Jahrhundert waren die Hörigen verpflichtet, mit ihren Schafen die Felder der Gutsherren zu düngen. Herzog Ulrich ließ in allen Städten und Flecken einen gemeinsamen Pferch einrichten, der jeweils von zwei Pferchmeistern verwaltet wurde. Sie kassierten auch das Pferchgeld, kauften davon für die Schafe Salz und verteilten den Überschuss am Ende des Jahres unter den Schafhaltern, je nach Anzahl ihrer Schafe.

Praxis des Pferchens

Es gibt den Stand- oder Dauerpferch und den beweglichen Pferch, der in der Wanderschäferei üblich ist. Muss der Schäfer aus Mangel an geeigneten Flächen einen **Standpferch** schlagen, ist dieser natürlich größer anzulegen, um die Verschmutzung durch die

Der bewegliche Pferch besteht aus sogenannten Holzhurden, die aneinander auf die zu düngende Fläche gestellt und je nach der erwünschten Intensität weitergeschlagen werden. Wenn die Ackerflächen nach wenigen Tagen eingeschält werden, sind sie mit hochwertigem Dünger versorgt.

Schafe in Grenzen zu halten. Er sollte auf trockenem Boden stehen und nach Möglichkeit von einem Bauern gegrubbert werden. Im Sommer ist ein Einstreuen etwas problematisch, weil sich Fliegen darin einnisten und die Schafe unruhig werden lassen. Es fallen aufwendige Arbeiten an wie Ausmisten, Auf- und Abladen, Ausbreiten und das Fahren auf das Feld. Eine Herde von 250 Schafen benötigt etwa 300 m^2 Pferchraum, der auch als Stall bezeichnet wird. Das Einfahren in den Pferch nennt man auch Aufstallen.

Die Holzhurden des **beweglichen Pferchs** sind 4 m lang, bis zu 1,10 m hoch und bestehen aus vier Latten mit Buglatte. Für 300 m^2 Pferchraum muss der Schäfer also 19 Hurden schlagen. Die Längslatten der Hurden müssen nach innen zeigen, die Schafe könnten sie sonst nach außen drücken. Weiter braucht der Schäfer für jede Hürde zwei Pferchstickel, eine Pferchgabel und drei Hürdenringe. Mit dem Pferchschlegel treibt er die Stickel in den Boden.

Das ist Knochenarbeit, je nach der Bodenbeschaffenheit und besonders bei Frost im Winter. Manch altem Schäfer ist diese besondere Tätigkeit an der etwas nach vorne gebeugten Körperhaltung anzusehen, und die nach außen gestellten Arme signalisieren das lebenslange Tragen der schweren Hürden.

„es ziehn aus ihrem pferche die heerden sanft hervor“
(August von Platen-Hallermünde, 1796-1835)

Schäferweisheit

„Das Pferchen in der Nacht, hat der Teufel gemacht.“

Ablauf des Umpferchens

Man muss die Pferchform so wählen, dass ein gleichmäßiges Düngen gewährleistet ist, die Schafe müssen den Pferch ausliegen. Nachlässigkeiten hierbei könnten an der wachsenden Frucht später zu sehen sein.

Je nach der erwünschten Düngerleistung wird der Pferch in der Nacht ein- bis zweimal weitergeschlagen, das heißt versetzt. Das kann gegen Morgen sein, wenn die Düngerleistung am höchsten ist oder bereits um Mitternacht und nochmals gegen 4 Uhr. Dann hätte man drei „Ställe“ erzielt.

Die Technik ist nicht so einfach, denn die Schafe sollten sich dabei nicht zerstreuen. Der Hund hatte dabei maßgeblich mitzuhelfen. Der Schäfer musste für das Vorschlagen eine gute halbe Stunde rechnen, wurde aber für diese Mühe extra belohnt.

Info

Das Pferchen mit Hurden und das Weiterschlagen bei Nacht sind seit 50 Jahren Geschichte.

Pferchen auf der Wanderung

Im **April** sind die Wanderschäfer unterwegs zu ihren Vorsommer- und Sommerweiden. Am Ziel machen sie sich mit den Verhältnissen vertraut und suchen den Kontakt zu den Gemeinden, Landwirten und Bürgern. Der Pferchmarkt (Versteigerung) fand meist am Montag statt. Die interessierten Bauern versammelten sich beim Rathaus, der Bürgermeister oder Gemeindepfleger eröffnete den Markt. Je nach Bedarf oder Hartnäckigkeit blieb der Pferch billiger oder teurer.

Der Pächter musste sich nun mit dem Schäfer über den Ablauf verständigen, vor allem über die Höhe des Geldes für das Weiterschlagen. Wichtig für den Schäfer sind Flächen mit Frühjahrssaat, Gerste und Hafer, auf denen eine Kopfdüngung erwünscht ist. Auf Ackerböden findet der Schäfer jetzt selten Gelegenheit zum Pferchen.

Der **Juni** ist schlecht für das Pferchen, die Felder sind bestellt. Als Ausweg bieten sich Wiesen oder minderwertige Teile der Schafweide an. Doch hier ist besondere Vorsicht geboten, denn bei Nässe droht die Gefahr der Wiesenkrümme, die aber durch mehrmaliges Vorschlagen des Pferches vermieden werden kann.

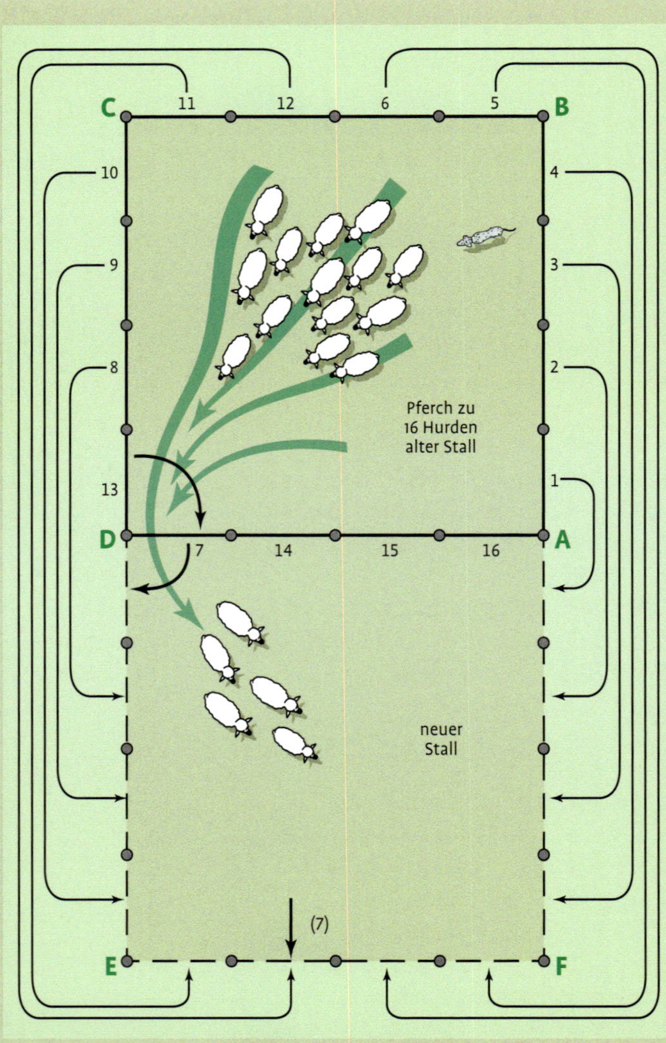

Richtiges Vorschlagen des Pferchs. Nach Biegert, in Droehner (1944), Handbuch der Schafzucht.

- Zuerst wird die Hurde 1 weggenommen und dem Richtungspfeil (siehe Abbildung) entsprechend umgestellt.
- Dann folgt die Umstellung der Hurden 2 bis 6, die anschließend an die erste Hurde vorgeschlagen werden.
- Damit während des Vortreibens in den neuen Stall das Vieh nicht außerhalb des zu pferchenden Geländes gerät, wird die 7. Hurde in der bezeichneten Richtung geöffnet.
- Der Hund steht hinter der Herde, um beim Herübertreiben der Schafe in den neuen Stall behilflich zu sein. Die Herde zieht dann durch die entstandene Öffnung.
- Abschließend werden die Hurden 8 bis 12 umgestellt, die Hurde 13 eingeschwenkt und schließlich bei den Hurden 14 bis 16 die Pferchstickel und -gabeln von außen eingeschlagen.

Das leichte Elektronetz bedeutet für den Schäfer große körperliche Erleichterung, Zeitgewinn, Flexibilität beim Aufstellen und eine dem Lattenpferch vergleichbare Sicherheit.

Im **Juli** konnte auf der abgeernteten Wintergerste gepfercht werden, im **August** auf den ersehnten Stoppelfeldern, hauptsächlich wenn sie gestürzt waren. Wegen der Gefahr von Vergiftungen oder Blähungen durften Auswuchsäcker nach dem Auspferchen erst am Schluss des Tages beweidet werden. In den heißen Monaten kommt die Herde am Mittag in den Mittagsstall, wenn es geht, an einem schattigen Ort.

Ab **September** findet kein Mittagspferch mehr statt. Der Pferch gehört in diesem Monat auf die Äcker und zwar vorwiegend nach dem Stoppelumbruch auf die für die Winterfrucht vorgesehenen Felder und auf Hackfruchtäcker des kommenden Jahres. Hackfrüchte sind Kartoffeln, Zucker- Futterüben und Feldgemüse.

Bei den Getreidefeldern wird die Bestockung angeregt, Mäusefraß und der Befall mit Engerlingen und Drahtwürmern vermindert. Um die beste Wirkung zu erzielen, sind überpferchte Flächen flach zu stürzen, zu eggen oder zu kultivieren.

Pferchen mit Elektrozaun

Der leichte, flexiblere Elektroweidezaun hat das Pferchen revolutioniert. Im Zuge dieser Entwicklung trat ein Haustier aus seinem Schattendasein, der Hausesel. Nun trägt er auf seinem Rücken geduldig die Batterie mit den vier bis sechs Netzen, die am Abend mit der Herde auch seinen Stall bilden.

Ein Netz mit meist 14 Pfählen und Doppelspitzen für leichtes Eintreten ist 50 Meter lang und 90 oder 106 cm hoch. Von den

Gut zu wissen

Die Maschen des Elektronetzes können gleich groß sein, praxisgerechter sind unterschiedliche Weiten, 15 x 15 cm in den oberen beiden Reihen, 10 x 10 cm in der Mitte und unten zum Schutz der Lämmer, die letzte Reihe ist dann wieder gleich den oberen. Ein Netz kostet bis zu 100,– Euro.

acht horizontalen Kunststofflitzen führen sieben Strom, die untere Litze am Boden ist stromfrei. Die senkrechten Litzen können auch starr sein, dies verhindert ein Durchhängen des Netzes und hat sich besonders im unebenen Gelände bewährt.

Wegen ihres dicken Vlieses sind Schafe stromunempfindlich. Deshalb sollte beim Weidezaungerät nicht gespart werden. Eine 12-V-Batterie sorgt für genügend Power im Netz, auch wenn die Herden in heutiger Zeit ziemlich groß sind und bis zu sechs Netze gesteckt werden müssen. Die optimale Zaunspannung liegt bei 4.000 Volt, sinkt sie unter 2.000 Volt, ist die Batterieladung auf 30 % Leistung abgesunken. Mehrstufige Kontrollanzeigen signalisieren dem Schäfer, was zu tun ist. Die Geräte werden immer komfortabler, aber auch teurer. Für den Schafhalter gibt es Solarmodule in ausgereifter Qualität, einige Modelle sind sogar mit einem Diebstahlschutz durch Elektroschock ausgerüstet. Eine alte Schäferweisheit lautet: *„Der beste Zaun sind satte Tiere."*

Das Waschen der Schafe, eine Erfindung der Wanderschäferei

Ein ganzes Jahr hat der Schäfer seine Herde ernährt und gepflegt, nun erwartet er die Ernte. April: Allmählich neigte sich die Winterweide ihrem Ende zu. Der Wanderschäfer machte sich Gedanken zur Rückreise. War er dann wohlbehalten in der Heimat angekommen, warteten zwei große Herausforderungen auf ihn.

Die Leute sagen

„Nach dem Waschen der Schafe ist der Schäfer acht Tage, die Schafe aber sind vierzehn Tage verwettert oder umgekehrt."

Die Schur und davor das Waschen der Schafe. Dies war in Süddeutschland teils noch bis in die 1950er-Jahre üblich. Überall bereiteten sich die örtlichen Wäscher auf ein Ereignis vor, das ihnen gute Nerven und eine robuste Gesundheit abverlangte. Auch das Wetter war mit entscheidend. Die Wäscher waren Bauern aus dem Ort oder der näheren Umgebung, die über den Winter im Forst arbeiteten und nun vor beginnender Feldarbeit zusätzliches Geld verdienten.

Für die Schafe war diese Zeit reinster Stress, einige sollten die Prozedur nicht überleben. Ging beim Waschen und Scheren alles gut, war die Wolle verkaufsfertig. In Süddeutschland wusch man die Wolle auf dem Rücken der Schafe. Man sprach von der Rücken- oder Pelzwäsche, das Waschen der geschorenen Wolle hieß Vlieswäsche. In Spanien konnte das Wollgefälle wegen der riesigen Herden nur in großen Waschhäusern mit warmem Wasser gereinigt werden.

Um den Erfolg eines harten Jahres nicht zu gefährden, musste sich der Schäfer für einen der Waschplätze entscheiden. Vielleicht den etwas weiter entfernten, der besseres, also weicheres Wasser und gute Einrichtungen hatte? Die Wollhändler waren durchaus bereit, gute Qualität zu honorieren. Dafür müsste er aber eine mühselige Reise mit Wanderurkunde und längeres Warten mit vielleicht

Pelz- oder Rückenwäsche um 1850. Aus dem Buch „Die Schafzucht und Wollkunde“ 1857.

ungenügender Weide in Kauf nehmen. Auch hatten in dieser Zeit des Wachstums auf den Feldern die Flurschützen der Gemeinden ein besonders waches Auge auf den Schäfer. Schon an der Markungsgrenze nahmen sie ihn in Empfang und begleiteten die Herde.

Vorteile der Rückenwäsche

- Die vorgewaschene Wolle lässt sich viel leichter abscheren. Die elektrische Schur hatte sich erst in den 1930er-Jahren allmählich durchgesetzt, lange noch zogen Frauen in Kolonnen von Hof zu Hof und scherten die Schafe von Hand,
- Das geschorene Vlies kann besser taxiert und sortiert werden, Wollhändler und Fabrikanten waren auf die Beurteilung im Schweiß geschorener Schafe im Allgemeinen nicht eingestellt.
- Durch die Körperwärme der Tiere bleibt der Fettschweiß flüssig und lässt sich besser auswaschen.
- Die Wolle trocknet auf dem Tier schneller, verzwirnt nicht und findet leichter zu ihrer natürlichen Lage.
- Man braucht keine besonderen Anlagen zum Trocknen.

Nachteile der Rückenwäsche

- Obwohl Schafe Nässe gewohnt sind, leiden sie unter dem plötzlichen Eintauchen ins kalte Wasser, das in dieser Jahreszeit wohl kaum über 12 °C hatte. Für alte und geschwächte Tiere bedeutete dies ein Risiko.
- Die Behandlung durch die Wäscher und Helfer war nicht zimperlich, die Tiere sollten ja nicht zu lange im Wasser bleiben.

Info

Das Auflesen der abgestoßenen Wolle, Ausraufen, Auskämmen und Abschneiden waren über Jahrtausende die einzigen Mittel zur Schafwollgewinnung. Die Tierhaare verbesserten neben Flachs, Hanf und manchmal Brennnesseln die Gewebeherstellung ganz entscheidend.

Traditionelle Schafwaschplätze in Württemberg

- *Donzdorf in der Lauter,*
- *Linsenhofen und Neuffen im Steinbach: 16.000 Schafe (Correspondenzblatt des Landw. Württembergischen Vereins 1822), dort ließ das Landwirtschaftliche Institut Hohenheim die Schafe bis zum Jahre 1822 waschen,*
- *Neidlingen in der Lindach,*
- *Neresheim Steinmühle in der Egau: 10.000 Schafen in fünf Wochen, gewaschen wurde bis 1947,*
- *Schafhausen Mühle in der Würm: 1936 noch hatte die Gemeinde eine neue Anlage eingerichtet, zu der mehr als 20 Herden mit über 5.000 Schafen kamen.*
- *Wasserstetten in der Großen Lauter, bestand von 1837 bis 1945 mit bis zu 20.000 Schafen im Jahr,*
- *Essingen in der Rems,*
- *Ehrenstein in der Blau,*
- *Hütten in der Schmiech, Mühlkanal,*
- *Obermagerbein, Kr. Dillingen, in der Kessel,*
- *Straßberg in der Schmeia.*

Das stundenlange Stehen im Wasser oder den Bottichen überstanden nur robuste Naturen. Die Wäscher trugen Lederschürzen und banden sich die Ärmel zu.

- Die Organisation eines reibungslosen Ablaufs mit den aus allen Richtungen ankommenden Herden erforderte Umsicht, eine gute Einrichtung der Anlage und erfahrene Wäscher.

Die Rückenwäsche verlief in zwei Phasen, dem Schwemmen und der Schlag- oder Sturzwäsche. Am ersten Tag trieb man die Schafe durch ein Gatter in einen Teich, Fluss oder aufgestauten Bach. Männer drückten die vorbeischwimmenden Tiere mit einer hölzernen Gabel mehrmals unter Wasser, sodass das ganze Vlies vollständig eingeweicht wurde. Danach kamen die Schafe in einen gut eingestreuten, engen Stall oder den Pferch auf einem Acker. Die Tiere sollten schwitzen, was zum Aufweichen des Schmutzes und Schweißes führen konnte.

Nur wenn sie stärker verunreinigt waren, kamen die verstörten Schafe am nächsten Morgen nochmals in die Schwemme, um den aufgelösten Schmutz loszuwerden. Waren erfahrene Männer am Werk, das Wetter tat mit, die Einrichtung funktionierte, konnte man an einem Tag drei bis vier Herden á 200 bis 250 Schafen waschen.

Im aufgestauten Bachbett hatte man drei oder vier hölzerne Rinnen angebracht, durch die das Wasser nun aus einer Höhe von bis zu einem Meter in ein Becken stürzte. Darin standen die Wäscher in befestigten Bottichen. Die Schafe drückte man, um panische Sprünge zu verhindern, rückwärts ins nasse Element.

Der erste Wäscher griff sich das Tier, reinigte Kopf, Hals und Rücken, gab es weiter an den zweiten, der wie der dritte jeweils eine Seite wusch. Der vierte, sofern die Anlage dazu hergerichtet war, nahm nochmals eine umfassende Reinigung vor. Nach Möglichkeit sollte festes

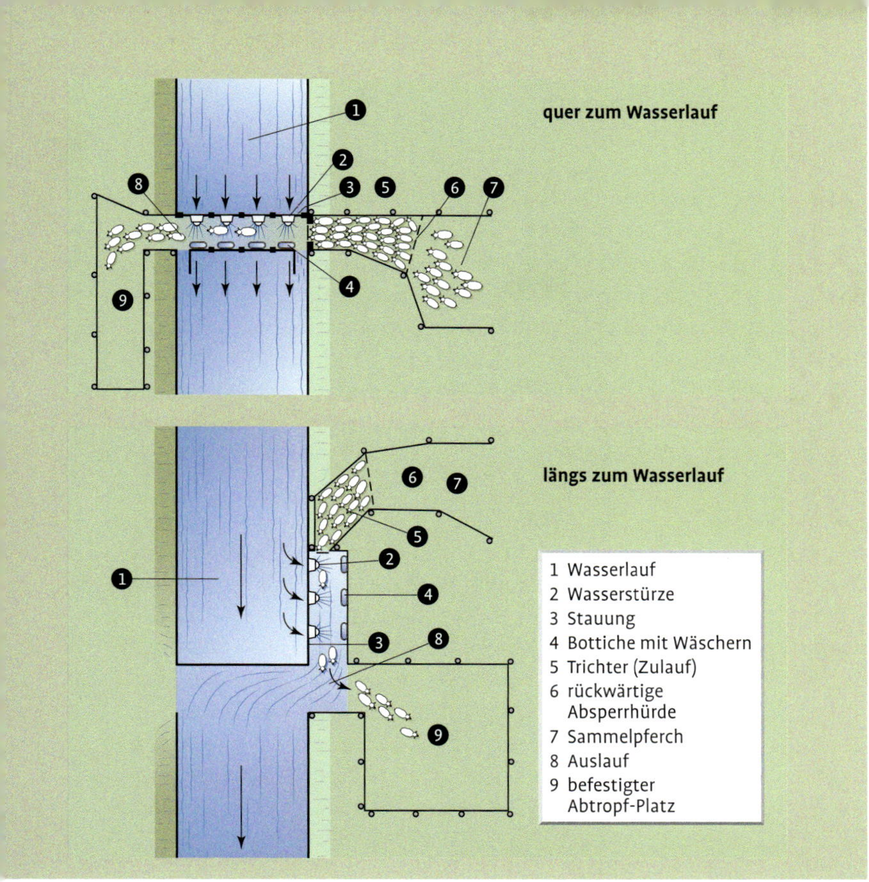

Schafwäsche nach Biegert in Doehner (1954): Handbuch der Schafzucht. Vierter Band.

Reiben vermieden werden, gleichmäßiges Drücken mit der flachen Hand war vorteilhaft, damit die Wolle nicht verfilzte und sich anschließend wieder in ihre natürliche Form legen konnte.

Nach etwa vier Minuten verließ das Schaf erschöpft das Wasser und kam auf den Abtropfplatz. Dort verharrte dann die Herde noch Stunden. Falls dieser Platz ein Acker war, auf dem dann Kartoffeln gesteckt wurden, fiele die Ernte doppelt so groß aus, so erzählte man. Das Waschen lockte natürlich Zuschauer an, darunter viele Kinder. Einige mussten dann aber in Kannen Waschwasser zum Düngen des Gemüsegartens mit nach Hause bringen.

Nach der Wäsche zogen die Schäfer in Richtung Heimat, wo das nächste große Ereignis, das Scheren wartete. Doch die Wolle sollte nicht mehr verschmutzt werden und bis zur Schur unbedingt trocken bleiben. Das hieß, beim Pferchen hatte der Acker trocken zu sein und es musste weiter geschlagen werden. Drohte Regenwetter, fuhr man in einen sauberen Stall, der aber auch nicht immer an der Strecke war. Sollte es durch widrige Umstände vorkommen, dass die Wolle wieder verunreinigt wurde, wiederholte man das Waschen nicht. Es hätte extra Zeit, Mühe, Geld gekostet und die Wollqualität wäre durch den Verlust von zuviel Fettschweiß schlechter geworden.

Scheren

Der Rhythmus in der Wanderschäferei bestimmte die Zeit der Schur, es blieben dazu nur die Monate Mai und eventuell Juni. Die Schafe kamen so vor Beginn der heißen Jahreszeit aus der Wolle, die wieder genügend nachgeschoben hatte, wenn die Fliegenplage begann. Mit der 12-Monatswolle kam der Schäfer zu Geld, das er dringend für seine Pachtzahlungen brauchte. Auch begann jetzt die Entwöhnung der Lämmer.

Gut zu wissen

Jeder rechte Schäfer besitzt noch eine Handschere für den sofortigen und unabhängigen Gebrauch.

Handschur

Während der Epoche La Tène, 500 v. Chr. bis Chr. Geburt, lernten die Schmiede Eisen härten, schärfen und die erste Handschere der Eisenzeit wurde erfunden. Sie diente zum Schneiden vieler Materialien. Den Namen Schafschere bekam sie vermutlich erst, nachdem die Scharnierschere Ende des 14. Jahrhunderts aufgekommen war.

Der haarnadelförmige Bügel der frühen La-Tène-Zeit-Schere besaß kaum Federkraft. Erst der gekröpfte Bügel verbesserte diese Funktion. Solche Formen traten nördlich der Alpen bereits im 2. bis 1. Jahrhundert v. Chr. auf. Auch das Dengeln und Treiben in eine flache und breite Gestalt erhöhten Federkraft und Zähigkeit des Metalls.

Weil anfangs keilförmig gegeneinander gestellt, mussten die Klingen der Schafschere „messerscharf" geschliffen sein, um ein Einklemmen und damit schmerzhaftes Ausreißen der Wolle zu verhindern. Bei den späteren Scheren laufen die Innenflächen der Blätter völlig plan aufeinander. Beim Drücken verhindert ein Widerstand das Kreuzen der Blätter (Verletzungsgefahr), die Spitzen sind leicht abgestumpft.

Aus den Zeiten des „Goldenen Vlieses" für die Schafzucht in Deutschland von Anfang bis Mitte des 19. Jahrhunderts gibt es anschauliche Beschreibungen über den Ablauf der Schur in bei-

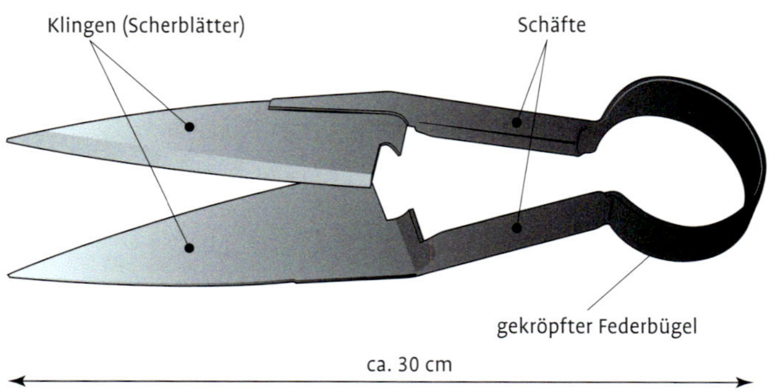

Eine moderne Schafschere wiegt etwas über 300 Gramm. Bei einem üblichen, zwölfstündigen Arbeitstag kann man sich gut vorstellen, welche Anstrengung das Drücken bei hunderten von Bewegungen pro Tier bedeutete. Und wenn beim Waschen der Schafe Sand ins Vlies geraten war, wurden die Schneiden schnell stumpf.

Schafschererin Ursula Nüssle, Machtolsheim

1910 geboren, entstammte sie einer Maurerfamilie mit bäuerlichem Nebenerwerb. Ende 1920 erlernte sie die Schafschur mit der Handschere und reiste in einer Kolonne bis zwölf Frauen zu den Höfen der Umgebung. Etwa drei Wochen war sie nun von zu Hause weg, kam aber wieder rechtzeitig zurück, wenn die Feldarbeit auf der Alb begann.

Auf dem Spreusack sitzend, schor sie etwa zwanzig Schafe im Tag – das war guter Durchschnitt – für eines bekam sie 25 Pfennig. Geld, das sie dringend brauchte. Die Verpflegung war immer gut, die Frauen schliefen meist zu zweit im Bett, selten im Heu. Frau Nüssle nannte die Schafhalter respektvoll Schafherren.

Der Arbeitsplatz war die Scheuer, manchmal wurde auch außerhalb geschoren, weil der Schäfer wegen einer Klauenkrankheit in seiner Herde nicht ins Dorf durfte. Frau Nüssle machte das Scheren ungewaschener Schafe nichts aus, bei den gewaschenen hatte sich im Vlies oft Sand bis zur Haut abgesetzt, der die Scheren schnell stumpf machte.

Später erlernte sie in einem zweiwöchigen kostenlosen Kurs die Elektroschur mit einer Forfexmaschine der Firma Eisemann, die am besten mit den Stromschwankungen zurecht kam. Frau Nüssle geriet fast ins Schwärmen über die große Erleichterung, die ihr dieses Werkzeug verschaffte.

Im Winter ging sie in eine Bettfabrik zum Nähen und heiratete während des Zweiten Weltkriegs. Ihr Mann machte diesen als Soldat von Anfang bis Ende mit und war anschließend noch drei Jahre in französischer Gefangenschaft.

Nüssle.
"Ich war eine der ersten, mutigen Frauen, die das Scheren mit der elektrischen Maschine gelernt hat."

spielhaften Schäfereien. Wegen der Verschmutzung und Fliegenplage schor man nicht im Stall, sondern in besonderen Räumen, und die Arbeiter, die die Anlage sauber hielten, trugen Brustbeutel zum Einsammeln der Wollreste.

Gleichberechtigt: Scherer und Schererinnen

Einem Scherer waren 1,5 m² Arbeitsplatz ausgewiesen. Weil man Scherer meist nach Stückzahl entlohnte, klagten die Schäfereibesitzer manches Mal über nur mittelmäßige Schurergebnisse.

Von den Schererinnen und Scherern wurde sorgfältiges und schonendes Arbeiten erwartet. Während die Männer die Schafe

Schererinnen in Berghülen bei Blaubeuren vor 1940. Der Schafhalter in der Schürze ist Georg Glaser aus Schlat, Pächter in Berghülen.

auf die Schurbank setzten oder auf den Schertisch legten, arbeiteten die Frauen lieber auf dem flachen Boden. Sie saßen auf einem Spreusack, mit dem Rücken zur Wand und hatten ihre Tiere vor sich liegen.

Die Füße der Tiere wurden mittels eines Spannstabes oder Spannstockes gefesselt oder einfach nur mit Stricken zusammengebunden. Die Schafe blieben dadurch ruhig und konnten das herab gleitende Vlies nicht durch ihr Strampeln zerreißen.

Die Schur wurde an Kopf, Hals, Beinen und unter dem Bauch begonnen. Dann legte der Scherer eine Bahn an der Unterseite längs des Körpers von den Hinterbeinen über den Bauch zum Hals. Immer parallel zu dieser arbeitete er sich in Streifen zum Rücken hinauf. Das Tier wurde umgedreht und es geschah das gleiche auf der anderen Seite.

Damit die Schere möglichst glatt auflag, war es wichtig, die Haut mit der freien Hand zu spannen. Bei den faltenreichen Feinwollmerinos war dies besonders problematisch, man vermied so aber Verletzungen. Auf Wunden, die zwar mit Holzasche oder Buchenteer behandelt wurden, ließen sich Insekten mit den bekannt fatalen Folgen nieder und auf den Narben wuchs nur minderwertige Wolle nach, die sogenannten Ziegen- oder Hundehaare.

Dass das Vlies an einem Stück zusammenblieb, war sehr wichtig, denn eventuelles Nachputzen am Schaf verbesserte höchstens dessen optischen Eindruck und ermöglichte allenfalls eine gleichmäßigere Stapeloberfläche im nächsten Jahr.

Mit einem Kreidestrich markierten die Frauen ihre Anzahl der geschorenen Schafe, ein heimlicher Wettbewerb war wohl nicht immer auszuschließen. Es gab wohlgenährte, fleischige Schafe, die sich leicht scheren ließen und magere, bei denen die hervortretenden Knochen der Schere im Weg waren. Manche Aufträger versorgten ihre Schererinnen mit „guten" Schafen, die Gründe dafür waren wohl vielfältig.

Jeder Scherer hatte seine eigene Technik und Geschwindigkeit. Spitzenkräfte bei den Männern schafften bis zu 50 Tiere am Tag. Einige der Frauen standen ihnen nur wenig nach, außerdem begleitete sie der gute Ruf eines besonders vorsichtigen und gewissenhaften Arbeitens und ein Hang zur Fröhlichkeit.

Maschinenschur

Wirtschaftliche Überlegungen zum Ende des 19. Jahrhunderts, aber auch die Verantwortung für die Tiergesundheit weckten das Interesse an der Maschinenschur. Verantwortungsvolle Besitzer konnte der Anblick der gefesselten, oft tragenden Tiere nicht befriedigen, vor allem wenn sie bei wenig geübten Scherern lange Zeit in dieser unnatürlichen Lage verharren mussten.

1866 berichtete die Schlesische Landwirtschaftliche Zeitung von einer Maschinenschere in den USA, Versuche in Deutschland hatten damals noch wenig Erfolg. Zwar erreichte der Schafbestand hier zur Mitte des 19. Jahrhunderts mit über 25 Millionen den Höchststand, verglichen mit den Zahlen in Übersee war der Druck zur Maschinenschur aber weit schwächer.

Im Jahre 1856 erteilte man Mr. Wilder aus Michigan das erste Maschinenpatent für eine Schafschere. Sie brachte vorerst nur eine verbesserte Mechanik zur Entlastung der Hand, doch in der Weiterentwicklung bewegte bald eine von einer Handkurbel angetriebene, flexible Welle aufeinander gleitende Kämme mit beachtlicher Geschwindigkeit hin und her. Der Scherkopf konnte bis auf 4 mm oberhalb der Haut geführt werden und man erzielte fast ein Pfund Wolle mehr pro Tier.

Es gab weniger Verletzungen, der durch rostige Scheren übertragene, gefürchtete Scherbrand verlor seinen Schrecken. Die Technik war schnell und leicht zu erlernen. Zum Drehen des Schwungrades genügte normale Manneskraft. Das kleine Rad erreichte etwa 2.000 Umdrehungen pro Minute und trieb eine biegsame Spiralwelle im Lederschlauch an, die das Messer bewegte. Ein Gerät zum Schärfen wurde am Fußgestell der Kurbel angebracht.

Natürlich und nachhaltig

Das Schaf produziert eine Faser mit äußerst vielfältigen Eigenschaften. Es braucht dazu nur gute Weide, ordentlich gewonnenes Winterfutter und angemessene Haltung. Es lässt sich wohl kaum ausrechnen, wie hoch der Preis für eine industrielle Faser gleicher Qualität wäre, müsste man sie nachhaltig herstellen. Natürlich haben Kunstfasern viele gute Eigenschaften, allerdings nicht in einer einzigen Faserart vereint, wie bei der Wolle, und sie sind keinesfalls nachhaltig in ihrer Erzeugung.

Links Bodenschur mit Stangengelenk, rechts Bankschur mit flexibler Welle. Bei der Bodenschur hängen die Scherer in Gurten, den Backaids, die sie etwas in ihrer Bewegungsfreiheit einschränken, aber auch die Wirbelsäule entlasten.

Am besten scheren ließen sich die faltenlosen deutschen Rassen und Schläge und die rundlichen englischen Fleischschafe. Für die fein- und dichtwolligen Merinos jedoch benötigte man Kämme mit weiter Zahnung.

Die Spiralwelle wurde später von der Stangengelenkwelle abgelöst, die dem Widerstand der dichtesten Wolle gewachsen war. Die erhoffte Zeitersparnis blieb vorerst aus. Der Maschinenscherer schaffte nur wenige Tiere mehr am Tag und es war ein zweiter Mann an der Kurbel nötig. So blieb die Handschur vor allem in kleineren Schäfereien noch Jahrzehnte lang erhalten.

Rationalisierung

Einen großen Schritt brachte die Elektroenergie. Im Jahr 1909 begann man an der Landwirtschaftlichen Hochschule in Hohenheim mit vier, von einer Transmissionswelle angetriebenen Schafschermaschinen der Firma Hauptner, Berlin, die die Arbeitsleistung um zehn Tiere am Tag verbesserten. 1916 wurde auch der Stromverbrauch interessant, denn bei 16,1 Pfennig pro Kilowattstunde und 0,188 Kilowatt pro Tier kam die Schur auf drei Pfennige. Noch hielten sich die Kosten von Hand- und Maschinenschur etwa die Waage, für die Gesundheit der Schafe war die Technik bereits ein Gewinn.

Mit dem transportablen Hängemotor ließ sich überall arbeiten, wo es Strom gab. Im Außenbereich konnte der Traktor als Antrieb dienen. Bessere Kämme und Messer für die verschiedenen Wollen, teils aus USA und England, erleichterten die Schur für Tier und Mensch immer mehr.

Der Motor, über dem Scherer angebracht, bewegt durch ein Stangengelenk den Schurhandgriff. Er wiegt etwa 1,4 kg, am Scherkopf bewegt sich das Obermesser mit bis zu 3.500 U/min. Die Vibration soll so gering wie möglich sein und der Handgriff darf nicht heiß werden.

Im 21. Jahrhundert

Heute schert in großen Betrieben eine Kolonne von vier bis fünf Profis eine Herde mit 800 Schafen an einem Tag. Die Technik hat sich etwas gewandelt, immer mehr Scherer gehen von der Bank- zur Bodenschur über. Bei der Bankschur muss sich der Scherer zwar nicht zu tief bücken, allerdings ist das Podest 25 bis 30 cm hoch und die Zuträger brauchen mehr Kraft, die großen, schweren und störrischen Wollträger in die richtige Position zu setzen.

Gut zu scheren heißt, schnell, in langen Zügen und sauber. Für ein Schaf mit feiner Wolle und vielen Hautfalten braucht man fünf Minuten und mehr als die 40 Züge, für ein Schaf mit mittelfeiner Wolle reichen drei Minuten. Das Vlies sollte zusammenhängend vom Körper gleiten.

Als dieser nachwachsende Rohstoff noch wertgeschätzt wurde, legte man das Vlies auf einen Lattenrost, es wurde berissen, das heißt, von schmutzigen Teilen gesäubert und anschließend ausgeschüttelt. Gefaltet und zusammengerollt kam es in den Wollsack.

Wolle ist heute ein heikles Thema. Für den Schäfer wurde die Schur zum notwendigen Übel. Der Ertrag deckt vielleicht gerade noch die Unkosten. So werden Haarschafe aus Afrika interessant, die dem natürlichen Haarwechsel unterliegen, und man versucht, Schafe zu züchten, die ihre Wolle selbst abstoßen.

Und das Schaf?

Es ist erleichtert, wenn die Wolle herunter ist, die wenigen Minuten der Scherprozedur sind zumutbar. Es gibt Positionen, in denen ein Schaf entlastet wird und ruhig bleibt. Und auch der Scherer wird geschont.

Die nackten Schafe dürfen weder kalter, nasser und windiger Witterung noch brennender Sonne ausgesetzt werden. Sie müssen in den Stall, auch weil sie ihre Herdenmitglieder ohne Wolle nicht mehr kennen. Sie frieren jetzt ein wenig und entwickeln besonders guten Appetit. Lässt man sie bei richtigem Wetter für einige Stunden auf die Weide, setzen sich wippende Schafstelzen oder Stare auf den Rücken und suchen nach Insekten.

Hütetechnik im Licht neuer Aufgaben

Schäfermeister ***Walther Rößle*** *sagte einmal, er wollte die schönsten Schafe haben, nach dem Prinzip:*
„Wenn man wenig Futter zur Verfügung hat, muss man lange hüten, um die Tiere satt zu bekommen. Wenn man viel Futter hat, muss man lange hüten, um es kurz zu halten!"

Hütetechnik bedeutet, Weidefutter richtig und effizient zu nutzen. Der Schafhalter muss den täglichen Weidegang zu jeder Jahreszeit disponieren, und zwar so, dass die maximale Sättigung der Tiere beim richtigen Nährstoffverhältnis und kürzesten Triebwegen möglich ist.

Bei aller Hütetechnik muss es das Ziel des Schäfers sein, einen harmonischen Einklang zwischen sich, Hund und Herde zu schaffen. So erreicht er, dass sie überall dort, wo er sie mit Lockzeichen und Zurufen hinführt, gut und in der richtigen Menge frisst.

Er muss Schaden an den Tieren (Blähungen, Vergiftungen), Flurschaden beim Treiben an fremden, angrenzenden Kulturen und Unfallgefahren etwa durch Straßenverkehr, Eisenbahn oder freilaufende Hunde vermeiden. Gute Kenntnisse der Hütetechnik sind auch eine wichtige Grundlage für die Ausbildung der Hütehunde.

Die Hütetechnik hängt ab

- von Größe und Form der verfügbaren Fläche,
- Art und Menge des abzuweidenden Futters,
- vom Vegetationsstadium,
- Zustand, Nutzung und Alter der Tiere.

Während des Hütetages wird der Schäfer die verfügbaren Flächen so einteilen, dass das Weidefutter in der Qualität immer besser wird. Dies regt die Schafe an, kontinuierlich weiterzufressen. Neben der richtigen Hüteweise ist für den Erfolg ganz besonders wichtig, dass die Tiere ständig und intensiv beobachtet werden. Nur so kann der Schäfer sofort auf Auffälligkeiten reagieren.

Hütezeit

Der Hütetag umfasst je nach Futterangebot und Jahreszeit elf bis zwölf Stunden. Doch durch die Ermüdung der Kaumuskulatur der Schafe ist er auf sieben bis neun Stunden begrenzt. Schafe müssen je nach Jahreszeit täglich einmal bis zweimal satt gehütet werden. 25 bis 50% des Hütetages werden für An- und Abtrieb sowie Ruhepausen während des Weideganges zusätzlich benötigt. Das Ziehen, das heißt, die Futteraufnahme während des Treibens, sollte möglichst immer zur Ortsveränderung genutzt werden. Im Spätherbst und Winter reduzieren Tageslänge und Futterangebot die tägliche Hütearbeit auf vier bis fünf Stunden.

__Karl Rothgang__ erzählte, dass im Herbst acht bis neun Stunden gehütet wurde, um 10.00 Uhr gab es das Mittagessen und um 11.00 Uhr wurde ausgetrieben. Nachmittags bekam die Schafherde eine Stunde Ruhepause. Im Winter gab es um 9.30 Uhr die Suppe und ein Vesper und ab 11.00 Uhr wurde gehütet, bis zum Feierabend.

Bei der Einteilung des Hütetages ist zu berücksichtigen

- dass die Schafe neben der Möglichkeit zur vollständigen Deckung des Nährstoffbedarfes auch Ruhepausen zum Wiederkäuen haben;
- dass erst nach dem Abtrocknen des Taues die Weiden zu nutzen sind beziehungsweise auszutreiben ist;
- dass an heißen Sommertagen am Morgen zeitiger ausgetrieben und abends der Weidegang verlängert wird;
- dass für die Mittagspause ein Schattenplatz eingeplant ist.

Auch eine Schafherde als Verkehrteilnehmer muss sich an die Straßenverkehrsordnung halten.

Checkliste Hütearbeit

Vorbereitung auf den Austrieb
- Klauenpflege,
- Hygiene- und Pflegemaßnahmen bei Schafen und Hütehunden,
- Gewöhnung an Weidefutter (Rohfaserausgleich), Abhärten der Tiere, Kontrolle der weidefähigen Tiere,
- Vorbereitungsfütterung Schafe und Hütehunde, Trainingsstunden, regelmäßiger Auslauf.

Austrieb
- Festlegung der Reihenfolge der Weidemöglichkeit und Triebwege (Zustand Futterpflanzen, Witterung),
- Tränken der Schafherde,
- Einsatz Hütehunde – Einsatz der Hütehunde an gefährdeten Ecken,
- ruhiger Austrieb,
- Kontrolle Stall oder Pferch,
- Vorschlagen des Pferches bzw. Versetzen des Elektroknotengitters.

Weg zur Weide
- Hunde flankieren Herde auf beiden Seiten, Hundeführer an der Spitze der Herde,
- Trieb auf verkehrsreichen Straßen, Treiben bei Dunkelheit und Nebel, staubige und morastige Straßen,
- Hindernisse, Brücke, Abbiegen in Feldweg zu den Weiden.

Enges Gehüt
- Nutzung der verschiedenen Futterreserven auf engem Raum (schmale Feldstücke, Feldfutter, Dämme),
- 25 % aller Hütestunden,
- Herde ziehen lassen, Hunde wehren beide Feldgrenzen,
- Schafe nutzen das Futter bis zur Feldgrenze, Schäfer im hinteren Drittel der Herde.

Weites Gehüt
- natürliche Form der Futteraufnahme,
- Nutzung von Schafweiden wie Hutungen, Ernterückstände, Wiesen,
- ungestörtes Fressen,
- Herde zieht sich weit auseinander, lange Weide- und Hütezeit,
- Standort Schäfer am Feldrand mit Blickkontakt zur Herde,
- Einsatz des Halbenhundes auf der gegenüberliegenden Seite, selbstständiges Wehren, Hütehunde strafen Nascher,
- Kippen der Herde bei zu schneller Vorwärtsbewegung,
- Witterungsverhältnisse beachten (Regenperiode, Futterverluste),
- intensives Beobachten der Herde, kein Hüten vom Pkw aus – Schäfer steht bei der Herde!

Eintreiben
- Weg zum Stall oder Pferch ruhig zurücklegen,
- Einsatz Hütehunde, flankieren der Herde,
- Kontrollen: Pferch, Elektronetz, Weidezaungerät, Hütehunde und Schafe, Verdauungsstörungen, Beachtung der Sorgfaltspflicht, Tagebuch führen,
- weitere Kontrolle: am späteren Abend vor der Heimfahrt oder während der Übernachtung im Wohnwagen

An heißen Sommertagen brauchen Schafe Ruhepausen im Schatten.

Planung der Weideflächen

Die Wanderschäferei ist durch ihre Mobilität in der Lage, absolutes Schaffutter eines größeren Wirtschaftsraumes zu nutzen. Unter **absolutem Schaffutter** versteht man alle Weideflächen, die das Schaf ohne in Konkurrenz zu anderen Tierarten zu treten, nutzen kann.

Ausschlaggebend für die **Bewertung** sämtlicher Schafweiden Süddeutschlands ist nicht die Flächeneinheit, sondern die während der Weideperiode durchschnittlich zu haltende Anzahl an Schafen. Weg- und Straßenränder, Grünlagen, Böschungen und Waldränder gehören zu Öd- und Unland. Sie dienten zur Zeit der Wanderschaft als Weide, meist mit stillschweigendem Einverständnis der Eigentümer. Entscheidend ist es auch, die Weidehaltung möglichst lange auszudehnen und die unterschiedlichen Zeiten des Futteranfalles zu berücksichtigen.

Weidedauer hinsichtlich der Jahreszeit (nach Diener, 1949)

Vorsommerweiden	vom 15. April bis 15. August
Sommerweiden	von April bis Martini (11. November)
Herbst-, (Nachsommer-)Weiden	von Mitte August bis Martini (11. November)
Winterweiden	vom 11. November bis Anfang April
Jahresweiden	vom 1. Januar bis 31. Dezember.

Herbstweide 1964 in Puchheim mit 300 Schafen.

Durch die landwirtschaftliche Entwicklung mit Flächenknappheit und -konkurrenz haben sich die Weidezeiten und -möglichkeiten verändert. Sie zeigen jetzt das im Folgenden beschriebene Bild.

Sommerweide
Sie umfasst den Zeitraum von Mitte/Ende April bis Mitte September oder Mitte November, je nach Witterung und Futteraufwuchs. Die typischen Sommerweiden für die Wanderschäferei befinden sich auf den höher liegenden Flächen der Schwäbischen und Fränkischen Alb, in der Rhön, im Spessart, in Schwaben um Dillingen, Donauwörth, Augsburg und der Umgebung von München.

Die kalkreichen Böden dieser Regionen sind vorteilhaft für die Gesundheit der Herden. Diese Flächen sind meist im Besitz der Gemeinden, Städte oder öffentlichen Hand (Flugplätze, militärische Übungsplätze, Flussdämme). Ihre Bedeutung für die Wanderschäferei erhalten sie dadurch, dass sie von April bis Mitte November eine große Zahl von Schafen mit absolutem Schaffutter ernähren können, jedoch dort wegen der spärlichen Grasnarbe kein Winterfutter gewonnen werden kann.

Herbstweide
Besonders auf der Herbstweide zählen die Kenntnisse des Schäfers zu den Ernährungsansprüchen der Schafe. Futterwert und gesundheitliche Auswirkungen der Futterpflanzen auf die Schafe bestimmen den Erfolg und werden die Herden planvoll eingesetzt, bedeutet die Schafhaltung auf Herbst- und Winterweiden auch Schädlingsbekämpfung für Grünland und Wintergetreide.

Schäferweisheit

„Man muss der Wiese ins Maul düngen" *war vor der Zeit der planmäßigen Gülledüngung ein gängiges bäuerliches Rezept.*

Intensiver Ackerbau verhindert das Nachweiden abgeernteter Getreide-, Hackfrucht- und Maisflächen. Herbstzeit ist allein durch die Gülleverordnung von 1998 für den Schäfer nicht gemeinhin Erntezeit. Längst wurde die klammheimliche Vorfreude auf eine saftige Herbstweide von der Sorge verdrängt, ob und wie es wohl möglich sein würde, das Vieh möglichst lange auf der Herbstweide zu halten beziehungsweise satt zu füttern. Vorbei sind die Zeiten, in denen Wirtschaftsdünger selten und wenn überhaupt, dann nur im Frühjahr auf Grünland ausgebracht wurde.

Die Aufstockung der Viehbestände führte zu immer größerem Flächenbedarf, der heute vor allem damit verbunden ist, die in den

Betrieben anfallende Gülle aufzunehmen. Außerdem ermöglicht die nahezu perfekte Mäh- und Erntetechnik, auch den allerletzten Grasaufwuchs noch zu bergen. Die Festlegung der Gülleausbringungstermine hat für den Schäfer fatale Folgen: Grasaufwuchs, den die Landwirte nicht mehr nutzen, muss mit Gülle überfahren und somit unbrauchbar gemacht werden – oft vor den Augen der Schäfer.

Winterweide

Winterweiden befinden sich in den schneearmen Niederungen von Rhein und Main, der Pfalz, des Bodensees, der Hallertau, im Donauraum und im Rottal. Voraussetzung ist die Verpachtung einer Winterweide bestimmter Größe durch eine Gemeinde. Je nach Bodenqualität soll sie mindestens 150 bis 200 Hektar betragen. Solche Weiden gibt nur noch selten. Winterweiden mit „Feldrecht", auf denen der Schäfer auch außerhalb des eigentlichen Wiesengeländes auf für ihn freigegebenen Schlägen (Wintersaaten) hüten kann, sind wegen ihres abwechslungs- und gehaltreicheren Futters absolutem Dauergrünland vorzuziehen.

Bange Frage: Wie weit ist es bis zur nächsten Weidemöglichkeit?

Jahresweiden
Sie stehen überhaupt nicht mehr zur Verfügung.

Stallhaltung während der Wintermonate
Je nach Witterungsverlauf und Höhenlage des Betriebes findet diese von Mitte November / Anfang Dezember bis Ende März / Mitte April statt.

Pferchdünger

Info

Beim in Süddeutschland üblichen Pferchen ohne Einstreu besteht der Dünger nur aus dem Kot und Harn der Tiere. Dadurch sind Stickstoffanteil und Löslichkeit im Boden höher als bei allen anderen Mistarten – mit außerordentlich günstiger Wirkung auf Ackerland und Wiesen.

Der Pferchdünger war vor allem in der Zeit wichtig, als es noch keinen Handelsdünger gab oder sich die Landwirte und Obstbauern keinen leisten konnten. Durch den Pferch können bestehende Ackerflächen, auch bei besonders stark zersplitterter und entlegener Flur oder in Hanglagen, unter bedeutender Arbeits- und Zugkraftersparnis mit organischer Düngung versorgt werden.

Der Pferchdünger wird entweder direkt verkauft, öffentlich versteigert oder bei der Bemessung des Pachtpreises berücksichtigt, vornehmlich bei Sommerweiden. Nach Hutten (1938) sind mit einer Herde von 300 Schafen etwa zehn bis zwölf Pferchnächte zur Düngung eines Hektars notwendig.

Auch wenn die Pferchdüngung das ganze Jahr über stattfinden kann, besteht meist nur eine lebhafte Nachfrage im Frühjahr und Herbst. Während der übrigen Zeit muss auf den Weiden selbst gepfercht werden. Dies verringert die Einnahmen der Wanderschäfer und führt zu weidetechnischen Schwierigkeiten, weil die Schafe das auf den gepferchten Flächen wachsende Futter nicht mehr annehmen. Probleme kann es auch mit den Naturschutz geben, wenn auf artenreichen und geschützten Flächen gepfercht wird, die keinen Dünger erhalten sollen. Es ist zu hoffen, dass die Pferchdüngung vor allem bei Biobetrieben wieder mehr Beachtung findet.

Landschaftspflege

In den letzten Jahren werden neue Aufgaben wie extensive Landnutzung, Landschaftspflege, Biotoperhaltung und -gestaltung an die Schafhaltung herangetragen. Erfahrungen zeigen, dass die deutsche Schafhaltung diese Aufgaben erfüllen kann, denn das selektive Weideverhalten der Schafe verhindert unerwünschte Florenzusammensetzung.

Landschaftspflege gelingt nur durch fachgerechtes Hüten und gemeinsame Arbeit von Schäfer, Hund und Herde. Schmale Triebwege beispielsweise erschweren die Hütearbeit, darum fordern die Schäfer eine Triebwegbreite von 8 bis 12 Meter. Für den Schafhal-

Schäfer Leo Schuster, Diemantstein, geb. 1909

Sohn Rudolf Schuster, Unterliezheim, erzählt von der Wanderung seines Vaters Leo am 18. November 1936 zur Winterweide in Gundelshausen, östlich von Pfaffenhofen in der Hallertau. Die Schafherde hatte eine Größe von insgesamt 110 Stück, davon 80 Mutterschafe, 30 Lämmer, die alle mit einem blauen und roten S links und rechts auf dem Rücken gekennzeichnet waren.

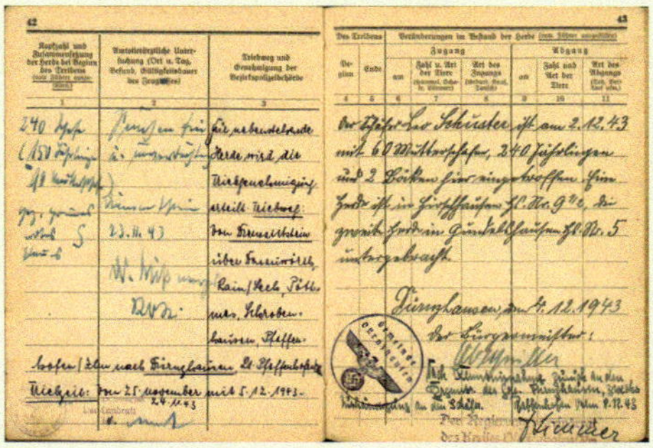

Auszug aus dem Kontrollbuch von Leo Schuster.

Als Futtergrundlage standen der Schafherde Kleeschläge, Winterroggen- und Wintergerste zur Verfügung. In strengen Wintern wurden auch die Hopfengärten gehütet. In der Hallertau stellten die Bauern den Schäfern Stallungen und Stroh zur Verfügung, dafür erhielten sie den Mist für ihre Hopfengärten. Im Kloster Scheyern trafen sich auf dem Rückweg zu Ostern sechs Schäfer, um ihre Herden in die Koppeln des landwirtschaftlichen Betriebes einzusperren. Die Pater erlaubten die Weidepause nur, wenn die Schäfer auch die Osterandacht besuchen.

Nicht alles lief bei der Wanderung reibungslos ab. Regen, Schnee, nasskalte Witterung und Beginn der Lammzeit machten es ihm schwer. Der Schäfer hatte einmal seinen Lammsack vergessen und so organisierte er sich einen alten Kinderwagen, packte die Lämmer hinein, einen Schirm darüber und so ging die Wanderung weiter.

Unterwegs wurde in Torfschuppen und Strohschobern übernachtet. Die Schäfer trafen sich regelmäßig am Schweinemarkt in Pfaffenhofen / Ilm, um über Woll- und Schafpreise zu diskutieren. Der Hundshandel war ein weiteres Thema.

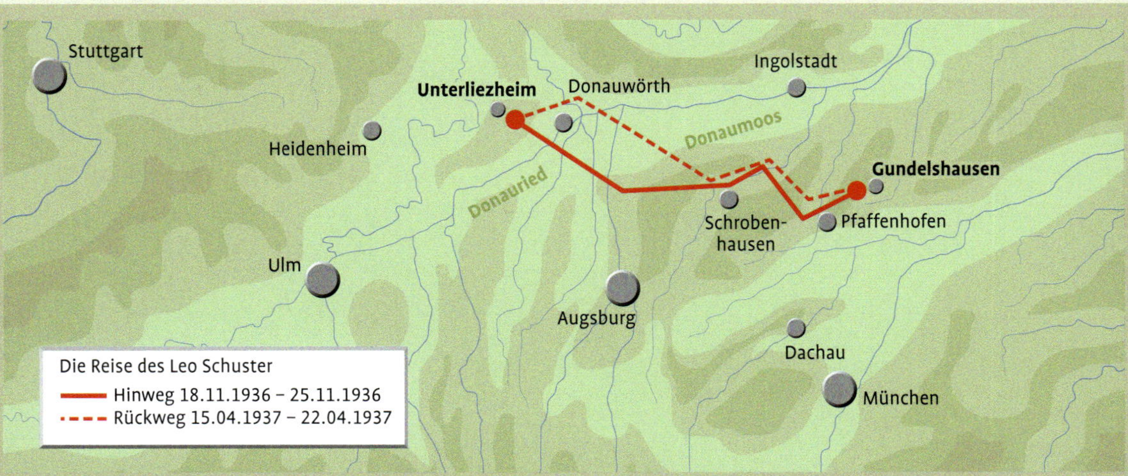

Ein moderner Schafhalter muss Folgendes können

- *Hauptfutterfläche exakt hüten und bestens ausnutzen,*
- *bei großflächiger Weidepflege unerwünschten Aufwuchs kurz halten,*
- *aufkommende Verbuschung verhindern.*

ter bedeutet die Dienstleistung also Wirtschaftserschwernis, daher wird sie in verschiedenen Programmen entsprechend honoriert.

Gleichzeitig sind züchterische Anpassungen und Änderungen in Haltung, Fütterung der Schafe und eine veränderte Betriebsführung notwendig. Führt man sich vor Augen, dass die produktbezogenen Einnahmen der Schafhaltung zu rund 98 % aus der Lammfleischproduktion kommen, muss in der Landschaftspflege hütetechnisch besonders darauf geachtet werden, dass die Lämmer beim Weidegang optimale tägliche Zunahmen erzielen.

Herdengrößen

Auch für moderne Wanderschäfereibetriebe ist das Merinolandschaf unbestritten die ideale und im süddeutschen Raum nach wie vor zahlenmäßig am stärksten vertretene Rasse. Daneben noch bedeutsam ist das Schwarzköpfige Fleischschaf. Mit den veränderten Bedingungen der Wanderschafhaltung hat sich auch die Größe der Herden geändert.

1968 gab es in Bayern noch 900 Herdenhaltungsbetriebe, deren Mutterschafbestand bei etwa 115 Tieren lag. 1978 waren es 600 mit durchschnittlich 320 Mutterschafen, 2010 nur noch 256 mit durchschnittlich 490 Mutterschafen. Dies bestätigt, dass nur so die notwenigen Einkommen für die Betriebe sicherzustellen sind.

Hütehunde

Es gibt kaum einen anderen landwirtschaftlichen Beruf, der so eng mit einem Tier verbunden ist wie den des Schäfers. Die Hunde helfen dem Schäfer bei jedem Wind und Wetter, die Schafe zu hüten und weiter zu bewegen, sind die wichtigsten Helfer des Schafhalters. So sollte es für ihn die Verpflichtung sein, seine Hunde so zu pflegen und zu halten, dass sie sich in jeder Hinsicht wohlfühlen. Nur dann ist die körperliche Einsatzfähigkeit der Hütehunde in Verbindung mit fachgerechter Ausbildung auf die Dauer gewährleistet. Jeder Schafhalter sollte dies auch an seine Söhne, Töchter und Auszubildenden weitergeben, getreu dem Sprichwort: *„Einen guten Schäfer erkennt man an der Pflege seiner Hunde!“*

Geschichtliche Entwicklung

Auch auf den ältesten Darstellungen schäferischen Lebens fehlt selten der Schutzhund bei der Herde. Meist handelt es sich um Hunde mittlerer Größe. Im Buch „**Vollständiger Unterricht für Schäferherrn und Schäfer**“ von **Daubenton**, erschienen 1782 in Frankreich und 1797 übersetzt für den Gebrauch in Schlesien, wird bereits von den Schäferhunden berichtet. Dort heißt es, *„dass es besser ist, keine Hütehunde zu halten, wenn diese nicht gut abgerichtet oder hitzig sind“*, dies würde nur Unruhe in die Herde bringen.

„Diesem Übel vorzubeugen, muss ein Schäfer bei der Herde nur solche Hunde brauchen, die von stiller und freundlicher Art, und dazu abgerichtet sind, dass sie kein Schaf beschädigen. Ein guter Hund muss die Schafe zusammenhalten, ohne ihnen Schaden zu tun. Die Schafe gewöhnen sich freiwillig, alles zu tun, wozu sie der Hund trei-

Info

Hütehunde haben nach entsprechender Ausbildung die Aufgabe, die Herde zu hüten und zu wehren, unter dem Kommando des Schäfers. Die Rangordnung Schäfer – Hund – Herde muss dabei strikt eingehalten werden.

ben soll; sie weichen sobald er herbeikommt, und laufen nicht nach der Gegend, wo er an die Grenzen eines verbotenen Feldes Schildwacht steht.“

Weiter beschreibt Daubenton die Ausbildung der Hunde. Als unbedingt erforderlich werden dabei guter Gehorsam, Wachsamkeit, Aufmerksamkeit und Verteidigungstrieb angesehen. Die Abstammung eines Hütehundes gilt als Voraussetzung für eine gute Veranlagung. Interessant ist auch, dass bereits im 17. Jahrhundert die Trennung zwischen Hüte- und Wachhund gegen den Wolf angeführt wird.

Pyrenäenberghund, ein Herdenschutzhund.

Herdenschutzhund – Hütehund

Hunde dienen seit Jahrtausenden zum Schutz der Herde vor Raubtieren und Diebstahl. Das Schutzverhalten eines Hundes gilt primär seinem eigenen Territorium. Er wacht über sein Revier, um das Eindringen fremder Menschen und Tieren zu verhindern. Bei einem Herdenschutzhund gehört die Herde zu seinem Lebensraum und wird unbeabsichtigterweise mitgeschützt. Er wird in der Herde

Schäfermeister Walther Rößle berichtet vom Jahr 1946

„Wie aus heiterem Himmel wurden plötzlich zwei der jüngeren Hunde krank, bekamen Schnupfen und eitrige Augen. Der Tierarzt stellte fest, dass sie Staupe hatten. Trotz intensiver Pflege waren fünf der besten Hunde nicht mehr zu retten. Zum materiellen Verlust dieser bestens ausgebildeten Hunde kam die Sorge um einen schnellen Ersatz, vor allem in den Nachkriegsjahren. Jeder, der von einem solchen Verlust eine Ahnung hat, weiß wie sich die Schafe aufführen, wenn man in „Hundenot“ ist, wie armselig und verloren man sich vorkommt, wenn man selbst den Hund mit der Schippe ersetzen muss. In den folgenden Jahren gab es dann wieder die Möglichkeit, Welpen aus guter Abstammung zu kaufen.“

In den Kriegs- und Nachkriegszeiten verendeten viele Hütehunde an Staupe.

„Wenn mir mein Hund das Liebste ist, so glaub nicht, es wäre Sünde. Der Hund bleibt mir im Sturme treu, der Mensch nicht mal im Winde!" Schäferweisheit

geboren, lebt mit den Schafen ohne Rangordnung und hat auch keinen Einfluss auf Hüte- und Treibaktivitäten.

Beim Übergang zur **neuen Verwendung des Herdengebrauchshundes**, der bei uns im 17. und 18. Jahrhundert stattfand, wurde das Wehren von Grenzen in den Mittelpunkt gerückt (Wehrtrieb). Damals vollzog sich der Wandel vom abhängigen Schafknecht zum selbstständigen Schäfer, vom wehrhaften Schafhirten zum friedlichen Schafhalter. Der Schlupfkarren weicht dem Schäferkarren, der hütende und wehrende Hund entwickelt sich bei den Schafen, die das ganze Jahr ausgetrieben werden. Er wurde zum „Schäferhund".

Info

In früheren Jahrhunderten sollen Schäferhunde mit hellem Fell bevorzugt worden sein, weil man sie in der Nacht leichter von einem angreifenden Wolf unterscheiden könnte, so der Volksglaube.

Neue Aufgaben beim Hüten

Mit der Intensivierung der Landwirtschaft und der Einengung der Weidemöglichkeiten stand das Schützen nicht mehr im Vordergrund. Das Hüten und das Wehren, das heißt, Vermeidung von Flurschäden wurden weiter ausgebildet und diese Anlage züchterisch gefestigt. Damit Hand in Hand ging die Ausbildung zum Lautgeben und sachgerechten Griff (Genick-, Rippen-, Keulengriff) und auch dies wurde züchterisch niedergeschrieben. Entscheidend war die Leistung des Hundes, nicht Aussehen, Farbe oder Haarart.

Auf die äußere Erscheinung begann man erst Wert zu legen, als der Schäferhund stärker in den Mittelpunkt der Öffentlichkeit

Schäfersprichwort

„Je schärfer der Hund, desto fetter die Hammel.“
Wenn die Schafe wissen, dass sie beim „Naschen“ vom Hund angegriffen werden, sind sie vorsichtig, und die Hunde brauchen die Tiere nicht unnötig beim Fressen stören.

rückte. Als diese Hunde zur Rasse erklärt wurden und die ersten auf Ausstellungen erschienen – geschehen am 22.04.1899 in Karlsruhe, erhielten sie den Namen „Deutscher Schäferhund“. Im gleichen Jahr stellten die Deutsche Landwirtschaftsgesellschaft in Frankfurt und 1901 in Halle Hütehunde aus. Dabei wurden fest umrissene Rassekennzeichen aufgestellt.

Neben dem Deutschen und den Altdeutschen Schäferhunden werden auch viele Mischlinge zum Hüten eingesetzt. Hauptbedeutung für den Dienst an den Schafen haben in Deutschland die im Folgenden beschriebenen Hütehunderassen.

Deutscher Schäferhund

Aus der Erkenntnis, dass nur durch planmäßige Zucht die Gebrauchseigenschaften gefestigt, erhalten und gefördert werden können, gründete Max von Stephanitz und eine Gruppe von Züchtern und Schäfern am 22. April 1899 den „Verein für Deutsche Schäferhunde“ (SV). Dieser schuf wegweisende Richtlinien für die Zucht und weitere Verwendung des Deutschen Schäferhundes.

Die Hunderasse wurde bewusst auf eine ganz bestimmte Form hingezüchtet (Bronzehund). Trotz seiner internationalen Verbreitung als Schutzhund ist der Anteil der als Herdengebrauchshund arbeitenden Tiere gering. In Deutschland werden höchstens 800 bis 1000 Deutsche Schäferhunde zum Hüten eingesetzt.

Altdeutsche Hütehunde

Im Laufe vieler Generationen entwickelten sich weitere Schläge bodenständiger Hütehunde aus alten Herdenschutzstämmen in den einzelnen Gegenden Deutschlands. Sie werden als Altdeutsche Hütehunde (zott-, rau-, langhaarige Schläge mit Hängeoh-

Altdeutscher Hütehund – Gelbbacken.

Altdeutscher Hütehund – Stumper.

Süddeutsche Schläge	
Strobel	bodenständige Hütehunde, 55 bis 70 cm groß, zotthaariges Fell, verschiedenfarbig,
Rollhaarhunde	Locken am ganzen Körper, 52 bis 70 cm groß, schwarzer Farbschlag, getigert und gelbbackig
Tiger	geschecktes, getupftes oder gepunktetes Fell, 50 bis 65 cm groß, häufig nicht pigmentiertes Auge (Glasauge)
Süddeutsche Schwarze	55 bis 70 cm groß, schwarz langstockhaarig oder stockhaarig
Stumper	Charakteristikum ist die angeborene, kurze oder halblange Rute
Rauhaarige Deutsche	variiert in Farbe und Schulterhöhe, zum Teil gelbbackig und eisgrau
Westdeutsche Gelbbacken	schwarze oder rötliche Hunde mit hellbraunen Abzeichen

Mittel- und Ostdeutsche Schläge	
Westerwälder- und Siegerländer Kuhhund	rotbraune Farbe mit Kipp- oder Schlappohren, Kuhhunde sind als Terrier unter den Altdeutschen Schlägen bekannt,
Ostdeutsche Gelbbacken, Füchse	kleine bis mittelgroße Hunde, große farbliche Variationen
Schafpudel	zotthaarige Hütehunde, große farbliche Variationen,
Hütespitz	weißes Fell und Mähne, 50-60 cm, langes, straffes Stockhaar, gebogene Rute
Pommerscher Hütehund	lang-, stockhaarig

ren, Schlichthaarige, Hütespitze, Schafpudel) bezeichnet. Es sind Arbeitshunde, seit Jahrhunderten von Berufsschäfern in Deutschland zum Hüten von Viehherden gezüchtet und ausgebildet. Entscheidend war immer Arbeitswille, ausgeprägter Hütetrieb und Robustheit.

Die „Arbeitsgemeinschaft zur Zucht Altdeutscher Hütehunde" (AAH), gegründet 1989, hat zum Ziel, die teilweise vom Aussterben bedrohten Schläge zu fördern. Besonderer Wert wird auf Wesen, Hütetrieb, Robustheit (Wetterfestigkeit), Gesundheit, Ehrlichkeit

Zwingeranlage für die Hunde am Schafstall.

und Arbeitswille (Ausdauer) an der Herde gelegt. Man unterscheidet verschiedene Farbzeichnungen und Erscheinungsvarianten. Sie werden den Gruppen wie in der Übersicht Seite 115 zugeordnet.

Haltung, Pflege und Fütterung

Die Haltung, Pflege und Unterbringung von Hunden wurde im Tierschutzgesetz vom 12. August 1986, § 2, festgelegt. Außerdem galten die Verordnung „Halten von Hunden im Freien" seit 1. Januar 1975, Bundesgesetzblatt Nr. 60 / 1974 und die „Landesverordnung über das Halten von Kettenhunden im Freien", Bayerisches Verordnungsblatt Nr. 14 vom 30. Juni 1970. Alle wurden sie abgelöst von der **Tierschutz-Hundeverordnung**, gültig seit 01. September 2001. Sie befasst sich mit dem Halten und Züchten von Hunden, unabhängig davon, wo und für welche Aufgaben sie gehalten werden. Im Mittelpunkt steht das Erreichen des Zusammengehörigkeitsgefühls zwischen Mensch und Hund. Jeder Schafhalter muss diese Vorschriften beachten und in seinem „geistigen Handgepäck" mitführen.

Rothgang berichtet
„In der Nachkriegszeit erhielten die Hütehunde einen Teig aus Hafermehl, angebrüht mit heißem Wasser. In den späteren Jahren gab es Kesselbrühe mit Brot und im Winter Schlachtabfälle aus der Metzgerei."

Hinweise aus dem Lehrbuch für Schäfer und Schafhalter von Weber und Fleischhauer, 1943

- Der Hund muss gut behandelt werden. Sein Lager muss trocken, sauber und zugfrei sein. Die Hütte soll nicht direkt auf dem Boden stehen und muss geräumig sein. Das Beste ist, die Hunde nicht an Hütten anzuketten, sondern einen Zwinger zu bauen. Der Hund sollte öfters gebürstet werden.

- Das Futter muss ausreichend und sauber sein, nicht zu fett und frei von stark gewürzten oder reizenden Stoffen. Das Futtergeschirr muss vor jeder Mahlzeit gereinigt werden. Man füttert die Hunde zweimal am Tag, wenig am Morgen, die Hauptmahlzeit am Abend.
- Frisches, sauberes Wasser muss immer zur Verfügung stehen.
- Säugende oder trächtige Hündinnen müssen kräftiger ernährt werden, auch dürfen sie durch Arbeit an der Herde nicht überanstrengt werden. Den jungen Hunde reicht man zunächst lauwarme Milch, aber niemals mehr, als sie auf einmal trinken. Später erhalten sie dann allmählich anderes Futter. Zur besseren Ausbildung der Kaumuskeln sollen sie dann Knochen bekommen.
- Die Beziehung zwischen dem Schäfer und seinem Hund gründet auf einer besonderen Partnerschaft. Daher ist es Pflicht des Schäfers, durch sachgemäße, liebevolle Pflege und durch planmäßige Züchtung sich einen guten Herdenhund zu erhalten. Schäfer, Schafe und Hunde müssen eine eingespielte Einheit sein.
- Herdenhunde züchten sollten aber nur solche Schäfer, die gut ausgebildete Elterntiere und die für die Arbeit an der Herde eine entsprechende Veranlagung haben.
- In der Regel bilden die Schäfer ihre Hunde selbst aus. Meist verfügt der Schäfer über zwei Hunde, die als Einheit arbeiten.
- Herdenhunde müssen unbedingt verkehrssicher sein.
- Diejenigen Schäfer, die Hunde züchten, sollen Rüden wie Hündinnen nicht vor dem zweiten Jahr zur Zucht benutzen.

Karl Rothgang erzählt,
dass er sich Welpen von Kollegen zum Preis von 50 bis 200,– DM/Stück gekauft hatte. Diese habe er alle selbst ausgebildet in Hütetechnik, mit Unterstützung der Schippe, aufgrund seiner Erfahrung und im Gedankenaustausch mit Kollegen. Aber auf jeden Fall ohne Fachbuch, wie er betonte. Für den Notfall habe er immer zusätzlich einen Beihund gehalten, weil er wusste, wie schwer es bei einem Notfall ist, gleichwertigen Ersatz zu bekommen.

Preise für Schafweiden – Pachtverträge

In dieser Hinsicht gibt es einige Unterschiede, je nach Bundesland. Im Folgenden sind beispielhaft die Verhältnisse in Baden-Württemberg und Bayern dargestellt.

Baden-Württemberg

Der Wanderschäfer ist auf die Pacht von Weiden angewiesen. Viele süddeutsche Weiden gehören den Gemeinden, die entscheiden, ob sie sie selbst nutzen oder an Schafhalter verpachten. In manchen Fällen darf die Gemeinde sogar über die Felder anderer Grundstückseigentümer verfügen, sodass diese nach dem Abernten das Beweiden in der „offenen Zeit“ erdulden müssen. Andererseits konnten die Bauern die Weiderechte ablösen und ihre Flächen der Verpachtung durch die Gemeinde entziehen.

Mit dem Gesetz von 1828 durften Schäfer ohne Erlaubnis nicht einmal auf die Stoppelfelder und Bauernwiesen. Vor dem Zweiten Weltkrieg konnte der Staat die Gemeinden zur Verpachtung verpflichten, heute ist das nicht mehr möglich.

Zu verpachtende Schafweiden werden öffentlich ausgeschrieben und über schriftliche oder mündliche Bewerbungen vergeben. Sie können aber auch unter der Hand, also nicht amtlich, sondern vertraulich verliehen werden. Die Pächter müssen sich einer Prüfung unterziehen, die Gemeinden holen Auskünfte zur Person des Schäfers ein. Von den Schafzuchtverbänden ist dies erwünscht, denn es dient einer gewissen Kontrolle des Schäferberufsstandes.

In den letzten Jahren stellten immer weniger Gemeinden ihre Weiden zur Verfügung. 1869 waren es über 80% der Gemeinden in Baden-Württemberg, die verpachteten, 1953 noch 53%, in Bayern

„Alle Communweiden sollen bei brennendem Lichtlein an den Meistbietenden im Beisein des Zahlmeisters verliehen werden. Es werden nur legitimierte Personen zugelassen (Verfügung in Schäfereisachen vom 8. März 1740).“

Dieses Verfahren war allgemein und weit verbreitet. Solange das Licht brannte, konnten die Kauflustigen sich gegenseitig überbieten. Erstanden hatte die Sache der, der beim Auffahren des Dampfes der erlöschenden Flamme den letzten Streich gerufen hatte. (Fischer, 1792)

1951 weniger als die Hälfte. Viele lehnen Schäfer aus einer althergebrachten Antipathie oder der Unzufriedenheit mit der Person des Schäfers ab. Doch andere Gemeinden haben mit Unterstützung des Staates einen Schafstall gebaut. Besonders Wanderschäfer, die mit ihrem wertvollen Zuchtvieh aus entfernten Gegenden heranreisen, schätzen dies.

Schafweidepachtvertrag

Das Wichtigste im Vertrag ist, dass Verpächter und Pächter den **Preis** realistisch festsetzen, der sich ja an der Stückzahl der aufgetriebenen Schafe orientiert. Die Futtergrundlage der Weide muss die Herde tragen können, denn liegt sie darunter, ist der Schäfer versucht, auf die von der Beweidung ausgenommenen Grundstücke auszuweichen.

Die **Dauer der Verpachtung** ist ein weiteres Thema. Wenn es geht, sollte längerfristig über mehrere Jahre abgeschlossen werden. Man erspart sich so die jährliche Verhandlungsprozedur und der Schäfer kann im eignen Interesse eine Weideverbesserung einleiten. Außerdem bildet sich auch ein Vertrauensverhältnis zwischen den Vertragspartnern aus, das nicht genug zu würdigen ist.

Der Pachtvertrag legt alles Wichtige für einen ordentlichen Ablauf fest

- Die Dauer des Weidebetriebs,
- ob Vorsommer-, Sommer-, Herbst- oder Winterweide,
- das Weidegebiet,
- die Weidevorschriften,
- zu suchen hat der Schäfer nichts in Waldungen, Weinbergen, Gemüsegärten, Grundstücken mit Handelsgewächsen, eingefriedeten Gärten und Obstbaumgütern, deren Bestand jünger als 20 Jahre ist, in allen zur Saat oder Anpflanzung hergerichteten oder bereits bestellten Flächen,
- in der Nacht darf nicht gehütet werden.
- Die Größe der Schafherde wird festgelegt. Danach richtet sich der Weidepreis.
- Dann folgen die Bestimmungen zum Pferchen und zu den Pferchgerätschaften, zur Verköstigung des Schäfers und seiner Hunde.
- Haftung für Schäden und Strafen, Höhe des Pachtzinses mit Nachlass und Bürgschaft, außerordentliche Auflösung, Abschluss des Vertrags und Sonstiges decken alles soweit ab, dass beide Seiten damit leben können.

Amtmann Elwert, Dornberg, schreibt am 16. August 1807

„Da seither mehrere Gemeinden sich bemühen ihre Winterschafweiden mit öffentlichen Versteigerungen zu verleihen, welches aber immer misslungen ist, weil dermalen die Winterschafweiden sehr viele, Sommerweiden aber fast gar keine vorhanden sind, so halte ich es selbsten für ratsam, den seitherigen Bestand des Johannes Nau noch auf 3 Jahre zu verlängern.“

Für Gemeinden lukrativ: Winterschafweide

Die Gemeinden waren sehr daran interessiert, die Weide während der Wintermonate zu verpachten, um den Ertrag des Bodens zu erhö-

Schafherde auf gepachteter Sommerweide am Lechdamm bei Augsburg.

hen. Die Schafe fressen die abgestandenen Gräser ab und verhindern damit die Bildung einer Fäulnisschicht im Frühjahr. Durch das Festtreten der Krume vernichten oder vertreiben sie tierische Schädlinge, unterdrücken trittempfindliche Unkräuter und regen die Bestockung des Getreides an. Natürlich war auch die Pferchdüngung der Felder interessant, so wie das Pachtgeld für die Gemeindekasse.

Gemeinde Ölbronn: Beispiel der Pachtpreise im 19. und 20. Jahrhundert

- Jakob Stuhle aus der Nördlinger Gegend 1887-1880, Pacht 1.000,– Mark,
- Hausch aus Pliensbach bis 1923, 5.000,– Goldmark,
- Hohnecker, Gottlob aus Ulm, 1.130,– Mark,
- Rieker aus Oberboihingen 1924, 2.500,– Goldmark,
- August Hafner aus Herrlingen 1953-1955, 1.800,– Mark,
- Rieker aus Schlat 1956-1957, 1.800,– Mark,
- Karl Ulmer aus Hausen an der Lauchert 1957-1958, 1.605,– Mark,
- Christian Bosler aus Ebingen von 1959 bis 1979, 1.200,– 1.400,– Mark.
- Luz aus Grötzingen bis 1965, 1.400,– Mark.

Pachtvertrag
des Gemeindehirten Georg Strecker

Abschrift:

Vertrag
zwischen der Gemeinde und Gemeindehirten Georg Strecker von Hirten O. A. Gerabronn, Württemberg abgeschlossen am 11. April 1908.

1. Das Dienstjahr beginnt an Walburgi am 1. Mai 1908 und endigt am letzen April 1909 und sofort bis von einer oder der anderen Seite Kündigung erfolgt.
2. Als Bezug erhält der Gemeindehirt von der Gemeinde die Gemeindegrundstücke, welche dem bisherigen Gemeindehirten Georg Herrmann zur Nutzniessung überlassen waren, ebenfalls zur Nutzniessung, ferner soll er noch am heurigen Herbst 2 Tagwerk Aecker zur weiteren Nutzniessung bekommen, muss jedoch die betreffenden Grundstücke in gutem Zustand erhalten, weiter bekommt der Gemeindehirte im Frühjahr von den Schafhaltberechtigten 15 Ctr. Dinkel und im Herbst von den Schafhaltern 15 Ctr. Korn; von der Gemeinde bekommt derselbe jährlich 6 Ster Fichtenholz und von der Schafkasse 51 M baar Geld.
3. Zur Schafweide darf er 40 Stück Lammschafe oder 70 Jährlinge treiben, will er einen Schäfer halten, welcher auch Schafe besitzt, oder anschaffen will, so darf der Hirte um so viel weniger halten, wie dieser auf die Weide treibt; ein Handel mit Schafen aus anderen Ortschaften ist, so viel wie möglich, untersagt, der Hirte kann seinen Bedarf mit hiesiger Ware decken.
4. Für die Bezüge hat er das ganze Jahr wie gebräuchlich die Schafe zu hüten und die nötigen Schafböcke zu halten, welche er sich beim Kastrieren oder Hammeln der Lämmer der Schafbesitzer, aus denselben aussuchen darf, er hat solche jedoch nach dem Preis der zuerst verkauften Lämmer dem Eigentümer des Lammbockes zu bezahlen.
5. Der Hirte hat ferner fortwährend mindestens 2 sprungfähige Zuchtbullen zu halten, welche vom Körausschuss und der Gemeinde für gut und tauglich befunden sind. Die Kühe der Gemeinderechtsbesitzer sind unentgeltlich zu belegen, für die Kühe der Auswärtigen und Nichtgemeinderechtler hat er ein Sprunggeld von 1 M für jede mit Erfolg belegte Kuh zu beanspruchen.
6. Für das Pferchmachen im Sommer erhält er pro Nacht für den Stall 15 Pfg., auch darf er sich während des Winters von den Kuhbesitzern dahier Stroh sammeln, von jeder Kuh einen Bund Stroh. Für die

Pferchhorten hat der Gemeindehirt zu sorgen, Holz und Nägel gibt die Gemeinde dazu.

7. Will von der einen oder anderen Seite der Dienst aufgehoben werden, so muss immer beiderseits Neujahr, also am 1. Januar gekündigt werden, am 1. Mai hebt sich dann das Dienstjahr auf; der betr. Gemeindehirt muss aber dann mindestens 20 Ctr. Grünfutter zurücklassen.

Sollte Todesfall unter dem Dienstjahr eintreten, so hat die Ehefrau des Hirten, wenn solche vorhanden ist, bis Ende des Jahres Nachsitz, d. h. sie erhält den vollen Jahresbezug, muss jedoch die Pflichten und Obliegenheiten ihres Ehemannes erfüllen.

Insingen am 11. April 1908.

Der Gemeindehirte:
Georg Strecker

Die Gemeindeverwaltung:
Böhm, Bürgermeister,
Dollmann Beigeordneter.
Kraft.

Original-Pachtvertrag des Gemeindehirten Georg Strecker.

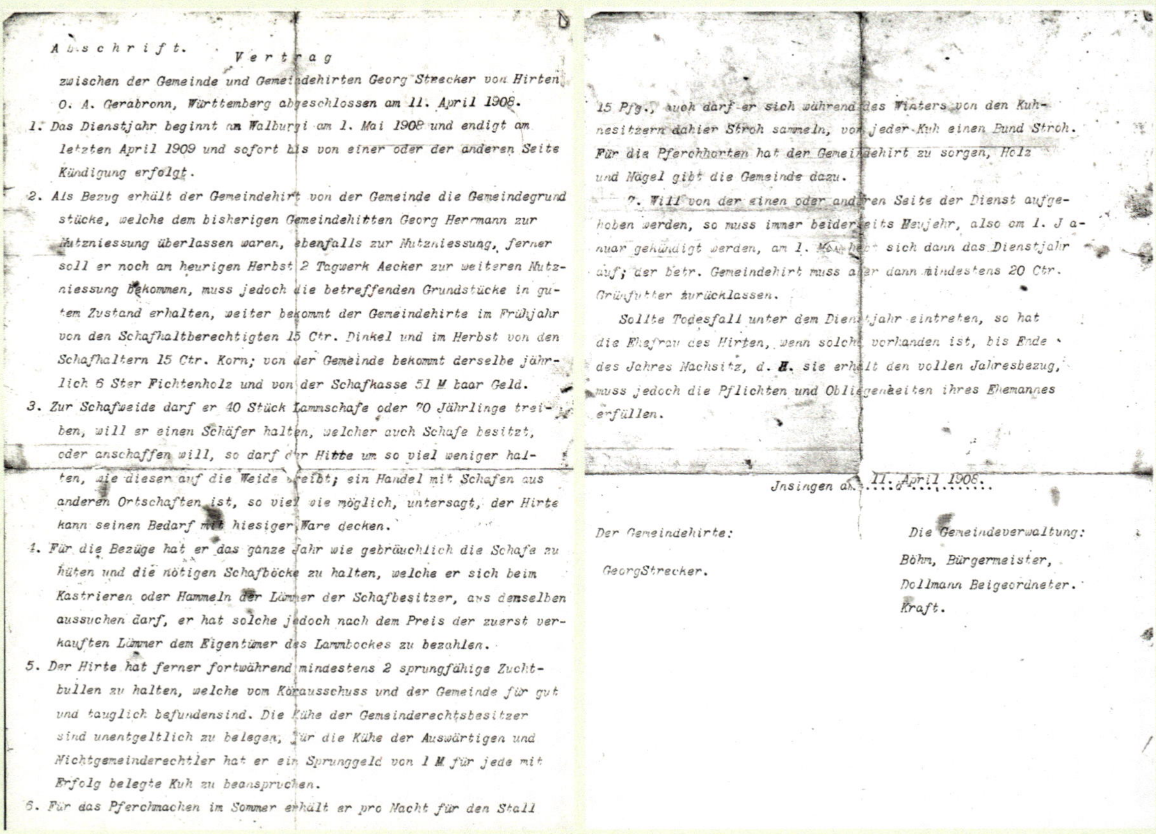

A b s c h r i f t.

V e r t r a g

zwischen der Gemeinde und Gemeindehirten Georg Strecker von Hirten O. A. Gerabronn, Württemberg abgeschlossen am 11. April 1908.

1. Das Dienstjahr beginnt an Walburgi am 1. Mai 1908 und endigt am letzten April 1909 und sofort bis von einer oder der anderen Seite Kündigung erfolgt.
2. Als Bezug erhält der Gemeindehirt von der Gemeinde die Gemeindegrundstücke, welche dem bisherigen Gemeindehitten Georg Herrmann zur Nutzniessung überlassen waren, ebenfalls zur Nutzniessung, ferner soll er noch am heurigen Herbst 2 Tagwerk Aecker zur weiteren Nutzniessung bekommen, muss jedoch die betreffenden Grundstücke in gutem Zustand erhalten, weiter bekommt der Gemeindehirte im Frühjahr von den Schafhaltberechtigten 15 Ctr. Dinkel und im Herbst von den Schafhaltern 15 Ctr. Korn; von der Gemeinde bekommt derselbe jährlich 6 Ster Fichtenholz und von der Schafkasse 51 M baar Geld.
3. Zur Schafweide darf er 40 Stück Lammschafe oder 70 Jährlinge treiben, will er einen Schäfer halten, welcher auch Schafe besitzt, oder anschaffen will, so darf der Hitte um so viel weniger halten, wie dieser auf die Weide treibt; ein Handel mit Schafen aus anderen Ortschaften ist, so viel wie möglich, untersagt, der Hirte kann seinen Bedarf mit hiesiger Ware decken.
4. Für die Bezüge hat er das ganze Jahr wie gebräuchlich die Schafe zu hüten und die nötigen Schafböcke zu halten, welche er sich beim Kastrieren oder Hammeln der Lämmer der Schafbesitzer, aus denselben aussuchen darf, er hat solche jedoch nach dem Preis der zuerst verkauften Lämmer dem Eigentümer des Lammbockes zu bezahlen.
5. Der Hirte hat ferner fortwährend mindestens 2 sprungfähige Zuchtbullen zu halten, welche vom Körausschuss und der Gemeinde für gut und tauglich befundensind. Die Kühe der Gemeinderechtsbesitzer sind unentgeltlich zu belegen, für die Kühe der Auswärtigen und Nichtgemeinderechtler hat er ein Sprunggeld von 1 M für jede mit Erfolg belegte Kuh zu beanspruchen.
6. Für das Pferchmachen im Sommer erhält er pro Nacht für den Stall 15 Pfg., auch darf er sich während des Winters von den Kuhnesitzern dahier Stroh sammeln, von jeder Kuh einen Bund Stroh. Für die Pferchhorten hat der Gemeindehirt zu sorgen, Holz und Nägel gibt die Gemeinde dazu.
7. Will von der einen oder anderen Seite der Dienst aufgehoben werden, so muss immer beiderseits Neujahr, also am 1. Januar gekündigt werden, am 1. Mai hebt sich dann das Dienstjahr auf; der betr. Gemeindehirt muss aber dann mindestens 20 Ctr. Grünfutter zurücklassen.

Sollte Todesfall unter dem Dienstjahr eintreten, so hat die Ehefrau des Hirten, wenn solche vorhanden ist, bis Ende des Jahres Nachsitz, d. H. sie erhält den vollen Jahresbezug, muss jedoch die Pflichten und Obliegenheiten ihres Ehemannes erfüllen.

Jnsingen am 11. April 1908.

Der Gemeindehirte:
GeorgStrecker.

Die Gemeindeverwaltung:
Böhm, Bürgermeister,
Dollmann Beigeordneter.
Kraft.

Und heute?

Vom Landesbeirat für Tierschutz von Baden-Württemberg gilt seit 10. März 2008 folgende Faustregel: „*Wer sich mit Schafen auf die Wanderung begibt, muss am Zielort ausreichende Weideflächen nachweisen. Für die Winterweide kann je nach Bodenbeschaffenheit und Bewuchs für eine Verweildauer von 2 bis 3 Monaten ein Besatz von bis zu 8 Tieren/ha Grünlandfläche zugrunde gelegt werden. Erforderlichenfalls muss eine Zufütterung gewährleistet sein.*“

Bayern

Trotz enormer Aufstockung der Schafbestände waren in Bayern bei Beginn des Zweiten Weltkriegs Weideschwierigkeiten kaum mehr von Bedeutung. Durch die straffe Durchführung der folgenden Anordnungen und in bester Zusammenarbeit mit den Wehrmachtsdienststellen auf den immer zahlreicheren Truppenübungs-, Exerzier- und Flugplätzen war es gelungen, etwa 120.000 bis 150.000 Schafe unterzubringen. Danach änderten sich die Bedingungen.

Richtlinien zur Verpachtung und Bewertung von Schafweiden bis 1945

Die Landesbauernschaft und die Landesdienststelle Bayern des Deutschen Gemeindetages legten mit der Anordnung Nr. III Pr. 43-4-19 vom 9. März 1938 des Bayerischen Staatsministerium für Wirtschaft die Verpachtung sämtlicher Schafweiden fest und erklärte sie als bindend einschließlich der Weidepreise, die als Höchstpreise festgesetzt wurden.
Geregelt wurden dabei:

1. Verfahren bei der Verpachtung
Die Behandlung des Weidepächters: Die durch die wirtschaftliche Lage des deutschen Volkes gebotene planmäßige Förderung der Schafzucht und Wollerzeugung und die Notwendigkeit der Säuberung des Schäferberufsstandes von ungeeigneten Mitgliedern machen es den Gemeinden und allen Schafweidepächtern zur Pflicht, viel mehr als bisher die Person des Weidepächters zu berücksichtigen. Wo diese Person unbekannt ist oder Zweifel über sie bestehen, wird dringend empfohlen, bei der Landesbauernschaft Bayern, HA. II D, München, Prinz-Ludwigstraße 16, Erkundigungen einzuziehen.
Auftriebszeiten: Die Schafweiden sind regelmäßig so zu verpachten, dass der Beginn der Weide in Übereinstimmung mit dem Beginn der Weiden in den Nachbargemeinden steht. Die Zeit ist so zu wählen, dass für zusammenhängende Gebiete, insbesondere auf die Wachstumszeiten und die Wirtschaftsweise entsprechend

Rücksicht genommen wird. In gleicher Weise muss das Ende der Pachtzeit und der Abtrieb von der Weide so rechtzeitig im Pachtvertrag vorgesehen und tatsächlich vorgenommen werden, dass die neue Weide von dem Schäfer erreicht werden kann, bevor die allgemeinen jahreszeitlich bedingten Wachstumsverhältnisse auf der Triebstrecke soweit fortgeschritten sind, dass eine Beschädigung der Fluren eintreten kann.

Das Bayerische Staatsministerium für Wirtschaft hat daher angeordnet, dass die bayerische rechtsrheinische Westgrenze von Hessen, Baden und Württemberg her spätestens am 5. April überquert, der Schaftrieb im gesamten rechtsrheinischen Bayern spätestens am 15. April beendet sein muss.

2. Dauer des Pachtvertrages
Schafweidepachtverträge aller Art sollen grundsätzlich auf mindestens vier bis sechs Jahre abgeschlossen werden. Bestehende Pachtverträge sind gegebenenfalls dementsprechend zu verlängern.

3. Pferchgerätschaften
Es ist anzustreben, dass Gemeinden, die Schafweiden verpachten, die nötigen Gerätschaften selbst beschaffen, unterhalten und erneuern. Es sind dies:
Hurden, Pferchpfähle, Schlegel, Salztröge und Pferchkarren.

4. Beköstigung der Schäfer und Hunde
Die Beköstigung der Schäfer des Weidepächters und ihrer erforderlichen Hunde soll, zumindest für die Dauer der Pferchnutzung, womöglich die Gemeinde oder der Pferchkäufer übernehmen.

Wanderschäfer Karl Rothgang berichtet
„In Wallerstein wurde der Pferch im Herbst jede Woche in der Gastwirtschaft für drei bis vier Tage versteigert. Der Landwirt bestimmte, welche Äcker nachts vorzuschlagen sind."

5. Pferchverkauf
Der Erlös aus dem Pferchverkauf fließt dem Verpächter zu. Der Verkauf des Pferches geschieht öffentlich durch den Verpächter oder die vom ihm Beauftragten. Hinsichtlich der zu überpferchenden Grundstücke müssen die hütetechnischen Besonderheiten, nämlich die Art und die Einteilung des Gehütes, berücksichtigt werden. Für jeden vorzuschlagenden Pferch hat der Pferchnutzer dem Schäfer ein Pferchgeld von mindestens 25 Rpf zu zahlen.

6. Schadenshaftung
Der Pächter haftet für alle Schaden, die er und seine Erfüllungsgehilfen aus dem Weidebetrieb zu vertreten haben. Wird die Pachtfläche aus Gründen, die nicht der Einwirkung des Verpächters unterliegen (Eingemeindung, Grundabtretung für militärische Zwecke) verringert, so hat der Pächter keinen Anspruch auf Schadenersatz gegenüber dem Verpächter. Eine angemessene Senkung

der Jahrespacht für den Fall, dass die restlich verbleibende Fläche für die Ernährung der im Vertrag vorgeschriebenen Höchstzahl von Schafen nicht ausreichen sollte, bleibt hiervon unberührt.

7. Musterpachtvertrag

Auf der Grundlage der vorstehenden Richtlinie hat die Landesbauernschaft Bayern im Benehmen mit der Landesdienststelle Bayern des Deutschen Gemeindetages ein Schafweidepachtvertragsmuster ausgearbeitet, dass bei dem Verlag J. Gottswinter, München, Theatinerstraße 18, einschließlich Schiedsvertrag und Richtlinien, zu beziehen und laut Anordnung des Bayerischen Staatsministerium für Wirtschaft für alle Schafweideverpachtungen vorgeschrieben ist.

8. Weidehöchstpreise

Die Weidepachtpreise für alle Arten von Schafweiden sind auf Grund der folgenden Weidehöchstpreise zu errechnen. Die Weidepreise sind nach der festgesetzten Höchstzahl, der auf eine Weide aufzutreibenden Schafe, nach der Weideart (Vorsommer-, Sommer-, Herbst-, Winter-, Jahresweide), nach der Weidegüte und unter der Annahme zu errechnen, dass der Schäfer und seine erforderlichen Hunde mindestens für die Dauer der Pferchnutzung durch den Weidepächter oder den Pferchkäufer beköstigt werden.

Die Preise sind Netto-Kopfpreise. Die Preise pro Altschaf 1939 für Schafweiden richteten sich nach Weideart, Güte und Regierungsbezirk:

- Vorsommerweide 1,00 bis 3,00 RM
- Sommerweide 1,50 bis 4,50 RM
- Herbstweide 0,50 bis 2,20 RM
- Winterweide 0,50 bis 2,00 RM
- Jahresweise 3,00 bis 7,50 RM

Bis Mitte August sind zwei Lämmer wie ein Altschaf zu bewerten. Sofern die Kost für den Schäfer und dessen Hunde durch den Pächter erfolgt, ist dieser berechtigt, hierfür den Betrag von 2,– RM/Weidetag von dem Pachtgeld in Abzug zu bringen. Für Almschafweiden gelten nachstehende Höchstpreise:

- Schlechte 0,25 Rpf/Weidetag und Altschaf,
- Gute 0,50 Rpf/Weidetag und Altschaf,
- Sehr gute 0,75 Rpf/Weidetag und Altschaf.

Dabei sind Herbstlämmer ganz, Frühjahrslämmer halb, auf der Alm gefallene Lämmer nicht zu berechnen. Ausgaben für Schäferlohn: Verpflegung und sonstige Unkosten werden auf den Kopf der aufgetriebenen Schafe umgelegt, sind also bei den obigen Höchstpreisen nicht berücksichtigt. Die Höchstzahl der aufzutreibenden

Schafe im Herzen der Großstadt München. Herde Kollmeder, 1951, Archiv Landesverband Bayerischer Schafhalter.

Schafe sowie die Güteklasse der Schafweide werden jeweils durch die zuständige Landwirtschaftsstelle im Einvernehmen mit dem zuständigen Kreisfachwart für Schafzucht festgesetzt.

9. Änderung der Höchstpreise

Sollten die wirtschaftlichen Verhältnisse eine Änderung vorstehender Weidehöchstpreise erfordern, würde die Preisbildungsstelle dies im Einvernehmen mit der Landesbauernschaft Bayern und der Landesdienststelle Bayern des Deutschen Gemeindetages rechtzeitig bekanntgeben.

Pachtwesen bis 1951

Der verlorene Krieg und der wirtschaftliche Zusammenbruch hatte auch auf dem Gebiet der Schafhaltung Chaos geschaffen. Millionen von Flüchtlingen und Evakuierten drängten sich auf engem Raum und hungerten. Wehrmachtsplätze und Schafweiden wurden umgerissen und in Acker- oder Gartenkultur genommen oder von Besatzungsmächten benutzt und für Schafe gesperrt. Bauernschaft und Gemeinden weigerten sich, ihre Fluren als Schafweiden zu verpachten, weil sie wegen des ungewöhnlichen Winters 1946 / 47 und der Trockenjahre 1947 und 1948 für ihr Rindvieh kaum mehr das nötigste Futter hatten.

Kriminelle Elemente innerhalb der Schafhalter nutzten das Durcheinander rücksichtslos aus. Es entbrannte ein Kampf um die Schafweiden wie es vorher nie der Fall war. Bis Anfang der 1970er-Jahre wurde der „Weidekrieg von Grafenwöhr und Hohenfels“ in unverminderter Härte weitergeführt. Auch für Wildflecken bestand ein Weideverbot.

Um die herrschenden Rechts- und vermeintliche Gesetzlosigkeit zu beseitigen, erließ das Bayerischen Staatsministerium für Ernährung, Landwirtschaft und Forsten nachstehende Entschließung Nr. 58 – R 1 vom 3. März 1949 betreffend „Verpachtung von Schafweiden“.

Entschließung Nr. 58 – R 1 regelt die
- *Genehmigung von Schafweidepachtverträgen*
- *Pachtpreisvorschriften*
- *Pachtschutzgesetzgebung*
- *Verpachtung von Gemeindeschafweiden und Gemeinschaftsweiden*
- *Weidezeiten*

Diese gesetzlichen Vorgaben in den Nachkriegsjahren führten wieder zu einer Ordnung hinsichtlich Verfahren und Preisgestaltung. Damit war aber der enorme Mangel an Schafweiden nicht behoben. Den Schafhaltern musste klar werden, dass die Zeiten unwiderruflich vorbei waren, in denen Schafweiden erzwungen werden konnten. Man lebte jetzt in einer Demokratie, in der jeder über sein Privateigentum entscheiden kann. Der Landhunger der Heimatlosen war noch lange nicht gestillt, militärische Übungsplätze für die Schafhaltung nicht mehr frei und die Abneigung gegen die Schafhaltung groß.

Für die Zeit nach 1949 leitete Dr. Hans Oskar Diener (1951) daraus folgende Aufgaben für die Schafhaltung ab:
- Einstellung des süddeutschen Schafbestandes auf die gegebenen Futtermöglichkeiten,
- Wiederherstellung des alten Vertrauensverhältnisses zwischen Bauer und Schäfer, dann wird sich die Bereitwilligkeit zur Verpachtung der Gemeindefluren wieder von selbst einstellen.

Eine Erhebung über die Schafweideverpachtungen in Bayern im Frühjahr 1951 ergab, dass die große Zahl der „schaffreien“ Gemeinden verringert werden musste. Dies ging in den folgenden Jahren nur mit Werbung und Belehrungen, denn aufgrund des Eigentumsrechtes griffen gesetzliche Maßnahmen nicht mehr.

Entwicklung nach 1951

Das alte bayerische Weidegesetz von 1852 genügte in keiner Weise mehr den Anforderungen und verlor stillschweigend seine Bedeutung. Das Bayerische Staatsministerium für Ernährung, Landwirtschaft und Forsten, München, stimmte um das Jahr 1951 einem **„Einheitsvertrag für die Verpachtung einer Schafweide“** zu. Dieser ist nun seit über 60 Jahren gültig und wird in dieser Form in der Praxis angewandt, angepasst an die jeweilige Situation. Im Inhalt hat er sich grundsätzlich nicht verändert.

Einige Paragrafen sind überholt und der Vertrag muss auch nicht mehr vom Bauerngericht genehmigt werden. Dieses wurde aufgelöst. Die Praxis zeigt, dass sich die Vertragspartner auf die aktuellen Punkte einigen und notwendige Zusatzvereinbarungen im **Schafweidepachtvertrag** schriftlich abfassen oder auf einem zusätzlichen Blatt fixieren. Er regelt zusammenfassend folgende Punkte:

- Dauer des Weidebetriebes, das Weidegebiet und Weidebedingungen,
- Größe der Schafherde auf den verschiedenen Weidearten,
- Grundstücksbenutzung mit Flurstücksnummern, Flurkarte, Steuern, Abgaben,
- Unterverpachtung, Pachtzins, Tod des Pächters, Kündigung und weitere Bestimmungen für Zusatzvereinbarungen.

Erlaubnis zur Beweidung

Inwieweit der Wanderschäfer Weide- und Ackerflächen benutzen darf, hängt von den Besitzverhältnissen an den Flächen ab. Grundsätzlich wird landwirtschaftliche Nutzfläche entweder vom Eigentümer oder von Pächtern bewirtschaftet. Der Wanderschäfer hat es also entweder mit Besitzern (Pächter) oder dem Eigentümer selbst zu tun.

Der Schäfer hat grundsätzlich das Recht, abgeerntete Acker- oder Dauergrünlandflächen zu betreten und sein Vieh dort zu hüten, wenn eine entsprechende Erlaubnis des Eigentümers oder Besitzers in schriftlicher, mündlicher oder stillschweigender Form gegeben ist.

- **Erlaubnis in schriftlicher Form** liegt meist vor, wenn wie im süddeutschen Raum üblich, Städte oder Gemeinden im Auftrag der Grundstückseigentümer oder Besitzer die Acker- und Grünlandflächen im Gemeindebezirk für die Herbst- und Winterweide verpachten und dem Schäfer damit ein zeitlich befristetes Besitz- und Nutzungsrecht einräumen. Gemeinden, Städte und Rechtler verpachten ihre Sommerweiden nur in schriftlicher Form, damit ist das Betretungsrecht der Flächen klar geregelt.

Die Höhe des Pachtpreises oder Pachtzinses für eine Schafweide wird von vielen Faktoren beeinflusst.

- **Mündliche Gestattung** liegt in der Regel vor, wenn sich der Schäfer vor dem Betreten der Flächen beim Eigentümer nach dem Nutzungsrecht erkundigt und es ihm ausdrücklich gestattet wird, die Flächen zum Hüten zu benutzen.
- **Stillschweigende Nutzung** kann vorliegen, wenn etwa ein und derselbe Schäfereibetrieb bestimmte Flächen seit Jahren beweidet, ohne dass zu irgendeinem Zeitpunkt der Eigentümer oder Besitzer irgendwelche Erklärungen abgegeben hat, die darauf schließen lassen, dass er mit der Nutzung nicht einverstanden ist. Eine solche Duldung kann zum Beispiel auch beim erstmaligen Abhüten einer Fläche vorliegen, wenn der Eigentümer die heranziehende Herde, das Betreten und Beweiden seiner Flächen sieht, aber nicht reagiert. Hier ist darauf zu achten, dass in dem Moment, in dem der Eigentümer die Nutzung untersagt, diesem Begehren sofort Folge zu leisten ist. Sonst liegt eine Besitzstörung oder Eigentumsverletzung vor, die vom Eigentümer geahndet werden kann.

Widerrechtliche Benutzung

Wenn der Hüteschäfer ohne eine Form der Gestattung, ohne jede Kontaktaufnahme mit dem Eigentümer oder Besitzer, auf die Flächen zieht und diese abweidet, liegen eindeutig Besitzstörung oder Verletzung der Eigentumsrechte des Eigentümers oder des Pächters vor. Dies kann unmittelbar Schadensersatzansprüche gegen den Hüteschäfer auslösen, die er nicht auf die Haftpflichtversicherung abwälzen kann.

Jeder Schäfer geht in einem solchen Fall neben einem finanziellen auch ein erhebliches strafrechtliches Risiko ein. Es ist wegen des geringen Werts eines Weideaufwuchses nicht sinnvoll, eine solche Praxis auszuüben. Immer dann, wenn der Eigentümer oder Pächter seine Rechte geltend macht, heißt es für den Hüteschäfer, Streit zu vermeiden und in gütlichem Einvernehmen die Flächen zu räumen. Dem Schäfer steht, entgegen einer in Schäferkreisen weit verbreiteten Rechtsmeinung, hier keinerlei Recht zur Seite.

Dies gilt auch, wenn der Eigentümer keinen Strohwisch auf die Flächen stellt und so nach Schäfermeinung erkennen lässt, dass er nichts gegen eine Beweidung der Fläche hat. Für den Schäfer ist das Nicht-Aufstellen eines Strohwisches keine Erklärung des Eigentümers, sondern ein Schweigen und hat daher keine rechtliche Bedeutung.

Mit Strohwisch auf einem Grundstück eindeutig verboten sind

- *unerlaubtes Weiden von Vieh auf frisch angesäten Kleeäckern oder Wiesen,*
- *das Betreten, wenn das Grundstück nicht eingezäunt ist,*
- *unberechtigtes Grasen lassen von Tieren,*
- *widerrechtliches Betreten und Befahren des „verwehrten Grundstückes“.*

Betritt ein Wanderschäfer eine so gekennzeichnete Fläche, begeht er strafbaren Weidefrevel.

Ein altes Recht

Den Ursprung dieses Verbots- oder Gebotszeichens vermutet man in der Zeit der Landnahme, seine Bedeutung hat sich in der langen Zeit natürlich gewandelt. Der heutige Gebrauch des Strohwisches

Der auf einem bis zu eineinhalb Meter langen Stock aufgesteckte, geknotete Strohwisch, Hegewisch, Pfandschaub, Bannwisch oder Rufwisch, wie er in Unterfranken genannt wird, zeigt ein Verbot an.

unterscheidet sich durch nun fehlende Rechtsverbindlichkeit, er erfüllt aber immer noch seine Funktion. So steckten die Bauern die Wiesen im zeitigen Frühjahr auch aus, wenn stickstoffhaltiger Dünger ausgebracht worden war. Hier diente als Warnzeichen oft ein leerer Handelsdüngersack auf einem Stock.

Von guten Wanderschäfern wurde der Strohwisch immer akzeptiert. Die Spitzbuben unter den Schäfern sagten: *„Wo ein Strohwisch steht, da gibt es auch für die Schafe immer etwas Gutes zum Fressen“.* Manch ein Schäfer verstand es auch, fein säuberlich um einen Strohwisch herumzuhüten. Bei anderen kam es auffallend häufig vor, dass die Strohwische immer wieder vom „vom Herbstwind verweht“ wurden. Besonders in den Mittagspausen und an Sonn- und Feiertagen hatten es Raubschäfer auf die Felder der Bauern abgesehen. Kam ein Schäfer auf der Wanderung von der Winter- zur Sommerweide verspätet an, etwa nach dem 1. April, hütete er vielleicht noch schnell ein schon geschlossenes Feld ab.

In der Zeit des Nationalsozialismus setzten besondere Anordnungen den Strohwisch als Verbotszeichen des Bauernstands außer Kraft: Bis zum 28. Februar, ausnahmsweise 15. März, durfte der Schäfer ausnahmslos alle Weiden aushüten, auch gegen den Willen des Eigentümers. Stellte ein Bauer dennoch einen Strohwisch auf, konnte der Schäfer hüten und den Krach mit dem Bauern riskieren.

Pachtpreise im 20./21. Jahrhundert

Mit Unterstützung des Landesverbandes Bayerischer Schafhalter führte der Autor eine anonyme Umfrage im „Bayerischen Schafhalter“ durch. Die Angaben sind nicht repräsentativ für ganz Bayern, da nur wenige Schafhalter geantwortet haben, aber sie geben doch einen Hinweis auf das Pachtpreisgefüge bei den einzelnen Weidearten.

Durch die fehlenden Herbstweiden werden Hutungen auf militärischen Übungsplätzen überwiegend bis Mitte/Ende November beweidet. Auch in Bayern verteuert sich die Stallhaltung und bedroht die Wirtschaftlichkeit der Schafhaltung. Pachtpreise für Dauergrün- und Ackerland zur Winterfuttergewinnung sowie für die absoluten Schafweiden sind begrenzender Faktor der Bestandsaufstockung. Der Anteil gepachteter Flächen beträgt 70 bis 90% der gesamten landwirtschaftlichen Nutzfläche eines Schafbetriebes. Pachtpreiserhöhungen können daher in kürzester Zeit die Existenz bedrohen.

Übersicht über Pachtpreise von Schafweiden in Bayern 2011

Art der Schafweiden	Typ der Weide	Pachtzins in €
Sommerweide	Gemeindehutung	20,– bis 45,– / ha Rhön: 20,– bis 25,– / ha
	Standortübungsplatz	10,– bis 40,– / ha, zum Teil mit Einschränkungen
	Truppenübungsplatz	8,– / Mutterschaf; Lämmer pachtzinsfrei oder 7,– / ha
	Flussdämme (RMD Kanal)	zum Teil pauschal für ca. 32 ha 158,– und ohne Pachtzins;
	Vertragsnaturschutzflächen	1,– bis 26,– / ha
	Wiesen, zum Teil Mähweidenutzung	50,– bis 200,– / ha
Herbstweide		Jagdgenossenschaft: 25,– / Tag oder 150,– pauschal oder 800,– pauschal für 4 – 6 Wochen Weidezeit
		Naturalien: Lammfell, oder 9 kg Lammfleisch / Grundstückseigentümer oder Lammessen 450,– / Gemeinde
Winterweide		Jagdgenossenschaft: 150,– pauschal
		Naturalien: Lammessen für Grundstückseigentümer
		Weiderechtler: 500,– pauschal
		Gemeinde: 1200,– für 1.000 ha oder 150,– bis 300,– pauschal
Ganzjahresweide		---------

Schafstall

Die süddeutsche Betriebsweise des Weidewechsels und Pferchbetriebes machen den Schafstall zu einem „notwendigen Übel", von dem nur wenige Tage nach der Schur und während der Winterlammung Gebrauch gemacht wird.

Durch die für Süddeutschland typischen betriebswirtschaftlichen Verhältnisse hat der Schafstall bei weitem nicht die Bedeutung wie in der standortgebundenen norddeutschen Schafhaltung. Wanderschäfer berichten, dass häufig die Lammzeit bei Nässe und schweren Boden auf der Herbstweide begann, und das ohne Stall. Die frisch geborenen Lämmer mussten oft morgens aus dem Morast herausgezogen werden. Zum Glück waren stets Bauern bereit, dem Schäfer leere Schweineställe, Teile von Scheunen oder Maschinenhallen zu überlassen, um die Problemfälle wenigstens für einige Tage unterzubringen.

Süddeutsche Lammviehschäfer und Zuchtbetriebe benutzen den Stall von kurz nach Beginn des eigentlichen Winters und der Lammzeit im Laufe des Dezembers bis Ende März. Länger als 120 bis 140 Tage sind die Schafe nie im Stall. So baut man den Schafstall möglichst einfach und billig. Am gebräuchlichsten ist, sofern die Herde nicht in einem Stadel untergebracht wird, ein einfacher Holzstall, in Südbayern meist in Doppelverschalung ausgeführt.

Auf der Schwäbischen Alb findet man noch die alten Schafscheunen unter dem Begriff „Schafhaus" und „Schäferhaus", reine Zweckbauten und ganzjährig im Betrieb. Sie zeigen eine handwerklich exakte Bauausführung, sinnvolle formale Gestaltung und fügen sich in die umgebende Landschaft ein.

In Mittel- und Unterfranken sind noch zahlreiche Schafscheunen vorhanden, allesamt mächtige Gebäude mit hohem Dach und 40 bis 50 Meter Länge, die meist außerhalb der Ortschaften auf einer Anhöhe liegen. Um ihren Erhalt bemühen sich Freilichtmuseen und sie besitzen auch noch entsprechende Baupläne dazu.

Sesshaftmachung von Schäfereibetrieben

Mit der Betonung des Wirtschaftens zur Qualitätserzeugung und Maßnahmen zur Verbesserung der Futtergrundlage, vor allem bei der Herbst- und Winterfütterung, stimmte man in den 1950er- und 60er-Jahren darüber ein, dass sich dies nur über die teilweise Sesshaftmachung in Verbindung mit Schafstallbau und Bergeraum entscheidend verbessern ließe. Um die Standortfixierung der Wanderschäferei zu beschleunigen, wurden Betriebe durch zinsverbilligte, staatliche Darlehen bis zu 100.000,– DM und gesetzliche Maßnahmen unterstützt (Bayerisches Seßhaftmachungsgesetz vom 26. November 1954. Bay BS IV, S. 349, und Entschließung Nr. III OS-6200/19 vom 6. Mai 1953).

Anfangs waren die Erfolge gering. Ein Grund ist sicher das Festhalten der stark in ihrer traditionellen Wirtschaftsweise verwurzelten Schäfer an der überlieferten Produktionsform.

Ein anderer ist aber vor allem die Schwierigkeit, einen geeigneten Standort zu finden. Sommerweidestandorte wären günstig, wenn ihre Ertragsfähigkeit so zu steigern wäre, dass auch genügend Winterfutter gewonnen werden kann. Doch durch das natürlicherweise geringe Ertragspotenzial der Hutungen kam dies nicht infrage. Ein Standort nahe des Herbst- und Winterweidegebiets

Alter Schafstall.

Viele Herden des Merinolandschafs sind so abgehärtet, dass sie nur während der Lammzeit und etwa acht Tage lang nach der Schur eine Unterkunft benötigen, um krankheitsbedingte Verluste zu vermeiden.

entspräche mehr der angestrebten Produktionsrichtung. Dort aber standen in der Regel nur Grund und Gebäude zur Verfügung, wo landwirtschaftliche Klein- und Kleinstbetriebe aufgelassen und zu Kauf oder Pacht angeboten wurden.

Die Umstellung

Mit den modernen Mastmethoden in den 1970er-Jahren kam für die Sesshaftmachung mit Stallbau endgültig der Durchbruch. Zukauf und Zupachtung von Flächen zur Heu- und Silagegewinnung sicherten den Betriebe überwiegend die eigene Futtergrundlage für die Winterstallzeit.

Ein beispielhaftes Konzept für die Umstellung ist der **Schafstall in Onstmettingen**, Stadt Albstadt. Die Berufsschäfer sind auf niedrige Pachtpreise angewiesen, für den Bau eines größeren Schafstalles können sie keine Mittel aufbringen. Dagegen liegen Erhalt, Pflege und Offenhaltung der Kulturlandschaft im Interesse der Öffentlichkeit, und die Hütehaltung eignet sich besonders dafür.

Onstmettingen hat 250 ha Sommerweide und entsprechende Herbstweiden. Dadurch dass der landschaftliche Charakter der Zollernalb langfristig nur über eine ordentlich betriebene Hüteschafhaltung zu erhalten ist, übernahm die Stadt Albstadt (806 ha Hutungen) mit finanzieller Unterstützung des Landes Baden-Württemberg die Trägerschaft für den Bau der erforderlichen drei Schafställe. Fläche und Stall wurden anschließend zu einem erschwinglichen Preis an die Herdenschafhalter verpachtet. So leistete Albstadt Vorbildliches und Nachahmenswertes für andere Gemeinden. Weitere Beispiele dazu gibt es auch in Mittelfranken.

Die Existenzsicherung der Herdenschafhaltung und zugleich die Bewahrung des sensiblen Landschaftscharakters der Schwäbischen Alb und des Fränkischen Jura werden durch die Gemeinden bewerkstelligt, indem sie die Erschließungs- und Baukosten für die Stallhülle übernehmen. Für Inneneinrichtung, Bau von Zwingern für Hütehunde und Instandhaltung ist der Pächter verantwortlich. Nachteilig dabei ist nur, dass bei Beendigung des Pachtverhältnisses der Schafhalter ohne Eigentum und damit ohne Schutz für seine Schafherde dasteht.

„Wenn wir die Schafe pflegen, bringt der Schafstall noch Gewinn. Es ist fürwahr ein Segen, dass ich ein Schäfer bin.“ (Straminstickerei, Anfang des 20. Jh. Thüringen)

Beratungshinweise zum eigenen Stallbau

Der Schafstall dient der optimalen Bestandsbetreuung und der Erhöhung der Wirtschaftlichkeit, er sollte in den Betriebsablauf passen, praktisch zu nutzen sein und alle Anforderungen des Schafes gerecht werden. In der Regel werden alle Schafe, die eine gute Fruchtbarkeitsleistung erbringen sollen, im Januar, Februar und März im Stall gehalten und leistungsgerecht versorgt, je nach Region von 90 bis zu 180 Tagen. Gleichzeitig findet in vielen Betrieben in diesen Monaten die Schafschur statt.

Die konventionelle Aufstallung entspricht dem Tieflaufstall mit Stroheinstreu ohne besondere Wärmedämmung, jedoch zugfrei und trocken. Im Folgenden die kurz gefassten **Informationen des Landesverbandes Bayerischer Schafzüchter aus dem Jahr 1949 zum Stallbau**:

Baumaterial und Stallboden

Das Schaf braucht einen kühlen Stall, die Innenwärme soll im Allgemeinen 12 °C nicht übersteigen. Daher kommt Mauerwerk in jeder Form nicht in Frage. Das beste Baumaterial ist Holz, aufgesetzt auf einen kurzen Beton- oder Mauersockel. Holz „atmet“ und sorgt daher stets frische Stallluft. Geeignet ist auch noch das in Mittelfranken heimische Fachwerk aus Holz mit Lehmausfüllung. Zweckmäßig ist eine feste Torausfahrt zur Erleichterung des Mistfahrens.

Als Stallboden soll grundsätzlich nur gewachsener Natur- oder gestampfter Lehmboden verwendet werden. Er saugt überschüssige Flüssigkeit auf und der Schäfer kann Pfähle zum Aufstellen seiner Hürden schlagen.

Moderner Schafstall – hier ist die Gemeinde der Bauherr.

Stallhöhe und Decke

Die Höhe muss auf jeden Fall 3 m betragen. Zu niedrige Stallungen werden, wenn die Mistlage gestiegen ist, vor allem Ausgang des Winters zu warm und zu feucht. Zweckmäßig ist es, den Stallboden rund 30 bis 50 cm zu vertiefen, um den Mist nicht über den oberen Rand des niedrigen Sockels an die Bretter anwachsen zu lassen.

Die Decke muss, wenn sie unbedingt nötig ist, in Form einer Holzbalkendecke mit beidseitiger Verschalung gebaut werden. Am besten sind Schafstallungen, die ohne Decke bis zum Dach durchgehen, weil hier das Stallklima, auch bei hoher Belegung, noch angenehm für die Tiere ist. Einen Ablammstall innerhalb des Stalles kann man sehr leicht durch eine Stangendecke mit entsprechender Strohauflage wärmer halten.

Voraussetzung ist, dass das Raufutter und Stroh ebenerdig gelagert und leicht herbeigeholt werden kann. Ist dies nicht möglich, muss das Futter über dem Schafstall gelagert werden und es sind dann bis auf den Boden ringsum geschlossene Heuabwurfschächte notwendig, die an der Vorderseite eine genügend breite, ebenfalls verschließbare Entnahmeluke haben. Für die Zeit der Winterstallhaltung mit einem Raumbedarf für Raufutter von 2 bis 3 m^3 pro Altschaf.

Bedachung und Stützen

Jedes undurchlässige Dach aus Blech oder Dachpappe lässt die Stallfeuchtigkeit je nach Außentemperatur als Niederschlagstropfen auf das Vlies der Schafe fallen. Ein gesunder Schafstall muss eine poröse Dachhaut haben, die Luftaustausch ermöglicht. Dies ist nur beim Ziegeldach der Fall.

Luftiger, moderner Schafstall mit großen Stalltoren.

Unnötig viele Stützen erschweren die Arbeit und Übersicht im Schafstall erheblich. Bei entsprechender Zangenkonstruktion und Stallbreiten von 10 bis 12 m sind Zwischenstützen unnötig. Nur Schnittholz zu verwenden, ist bei Schafställen nicht nötig, zur Kosteneinsparung kann auch Rundholz verarbeitet werden.

Licht und Lüftung

Beides ist in jedem Stall wichtig, daher sollte bei der Anlage und Zahl der Stallfenster besonderes Augenmerk darauf gelegt werden. Ein Schafstall, vor allem ein Ablammstall, muss sehr hell und sonnig sein, die Fensterfläche mindestens 1/15 der Stallgrundfläche betragen. Damit die Schafe bei steigender Mistlage nicht zu den Fenstern hinausschauen können, soll der untere Fensterrand auf jeden Fall 1,50 m über der Torschwelle liegen.

Die Fenster sollten zum Aushängen sein, damit an wärmeren Tagen frische Luft und Sonne ungehindert in den Stall fluten können. Sind genügend zu öffnende Fenster und Tore vorhanden, ist in Schafställen aus Holz und ohne Stalldecke oder bei entsprechender Deckenhöhe eine besondere Lüftung nicht nötig. Idealerweise baut man neue Stallungen grundsätzlich in Ost-Westrichtung, damit eine Längsseite den ganzen Tag in der Sonne liegt.

Stalltore

Stalltore müssen 3 bis 3,50 m breit und 3 m hoch sein, damit Mistabfuhr, Ein- und Austreiben reibungslos funktionieren. Ideal sind je nach Stallgröße mindestens zwei Tore an gegenüberliegenden Seiten, besser noch mehrere. Senkrechte, drehbare Holzwalzen

Eine gute Einteilung im Inneren des Stalles führt zu großer Arbeitserleichterung.

an den Innenkanten der Torpfosten schonen die Vliese der Tiere beim Ein- und Austreiben.

Schubtore sparen Platz, sind für den Ein- und Austrieb oder das „Herauszählen" der Schafe sehr praktisch. Sie müssen gegen ein Herausdrücken oben und unten entsprechend gesichert sein, Flügeltore nach außen aufgehen und in Form von geteilten Halbtoren angebracht werden, damit man auch hier Licht und Luft einlassen kann.

Berechnung des Raumbedarfes

1 Mutterschaf mit Lamm mindestens 1,20 m²
1 Jährling oder Hammel 0,80 m²
1 abgesetztes Lamm 0,50 m²
1 Bock 1,50 m²

Raumbedarf

Bei der Planung rechnet man 1 m² Stallgrundfläche pro Schaf. Sehr wichtig ist dabei ein großer „Aufschlag" außerhalb des eigentlichen Stalls. In diesen Bereich können die Schafe vor oder während des Aufsteckens der Futterraufen getrieben werden, hier lassen sich auch die Hämmel unterbringen oder es können Schur sowie andere Arbeiten stattfinden. Dieser Aufschlag kann in Form eines genügend breiten Vordaches an einer Längsseite oder einer überdachten, aber nicht ummauerten Verlängerung des Stalles errichtet werden.

Inneneinrichtung

- Das **Futtergeschirr** wird als Doppelraufen und Wandraufen aufgestellt. Wichtig ist, dass alle Tiere gleichzeitig daran genügend Platz finden und die schwächeren nicht verdrängt werden. Erwachsene Schafe benötigen 0,30 bis 0,40 m, Lämmer 0,15 bis 0,20 m Raufenlänge. Die Futterraufen müssen mit Nackenbrettern oder Lattendeckeln versehen sein, um das „Einfuttern" der Wolle zu verhindern. Als Sprossenweite rechnet man 2 bis 2 ½ Fingerbreite. Die Futterbarren sollen ein genügend hohes Randbrett besitzen, ihre Ecken müssen mit Dreikantleisten abgedeckt sein, um tote Ecken zu vermeiden, in denen Futterreste liegen bleiben und verderben. Der Haferbarren muss nach jeder Mahlzeit hochgezogen werden.
- Jeder Schafstall muss **Wasseranschluss** zum Tränken haben. Als Tränkgelegenheit eignen sich am besten die leicht versetzbaren Holztröge, wovon 4 m für 100 Schafe ausreichen.
- **Elektrischer Strom** ist unentbehrlich, denn für Ablammperiode und Maschinenschur sind Licht und Energie nötig.
- **Ablammboxen** müssen an der sonnigsten Stallseite eingerichtet werden. Die notwendigen Halbhürden sind vor der Lammzeit herzurichten.
- Der **Lämmerschlupf** muss an der hellsten und sonnigsten Stelle des Stalles eingerichtet werden.
- Ein abgeteilter **Krankenstall** sollte nicht fehlen, dazu ein **Medikamentenschrank**, in dem die notwendigen Hilfsmittel sicher aufbewahrt sind. Es ist kein gutes Bild, wenn an jedem Fensterbrett verstaubte Medikamentenflaschen herumstehen.

Schafhof in Einzellage.

- Vor den Toren sollte zur ständigen Desinfektion der Klauen ein schmaler, langer **Desinfektionskasten** aufgestellt sein.
- Die **Aus- und Einfahrt** vor dem Haupttor muss durch Aufschüttung von Kies oder Kohleschlacke unbedingt trocken gehalten werden. So verhindert man sumpfige Stellen, die Krümme mitverursachen können.
- Für den Hund wird eine dichte und von unten trockene **Hundehütte** im Ausmaß von 70 x 100 cm vor dem Stall errichtet. Auf keinen Fall darf er im Schafstall untergebracht werden.
- Der **Bockstall** befindet sich außerhalb des Stalles. Die Zuchtböcke sollen hart und widerstandsfähig aufgezogen werden. Dafür genügt ein überdachter Schuppen mit drei geschlossenen und einer offenen Seite.

Die Baumaßnahme in der Praxis

Schafhalter, die ihren Betrieb fit machen wollen, kommen oft an einer umfangreichen Baumaßnahme nicht vorbei. Grundlage dafür sind Kenntnisse zu Kalkulationsdaten und Planungshilfen. Dazu kommen wichtige **Vorschriften** für den Neubau eines Schafstalles auf der Basis unterschiedlicher Gesetze. Diese sind:

- Bundesimmissionsschutzgesetz
- Naturschutzgesetz
- Wasserhaushaltsgesetz
- Baugesetzbuch – Bundesrecht
- Baunutzungsverordnung
- Landesbauordnung
- Ausführungsverordnungen
- Bebauungsplan der Gemeinde

Kalkulation
Die Stallbaumaßnahme ist mit langfristiger Festlegung von Kapital verbunden und verlangt daher eine sorgfältige Kalkulation. Dazu gehören folgende Punkte:

- Vergleich Neubau zu Umbau von Altgebäuden,
- Bergeraum und Nebenräume,
- Kauf von zusätzlichen Grundstücken und Funktionsflächen,
- Brandschutz,
- Erschließungskosten,
- Folienstall als Alternative,
- Nutzung weiterer Alternativen zu den bisher üblichen Bauausführungen.

Kapital
Wie viel in den Schafstallbau investiert werden kann, hängt von der Rentabilität der Schafhaltung ab. Die Voraussetzungen dafür sind:

- gute Produktionstechnik, d. h. ein Aufzuchtergebnis von mindestens 140 bis 150 % bzw. 1,2 bis 1,3 verkaufsfähige Lämmer pro Jahr,
- hoher Durchschnittserlös pro Mastlamm, d. h. Ausschöpfung verschiedener Vermarktungswege.

Die Inneneinrichtung im Schafstall sollte tiergerecht und arbeitssparend sein.

- Nutzung Altgebäude, d. h. Einbau von Schlacht-, Zerlege-, Kühl-, Bergeraum, Krankenstall, Getreidelager,
- staatliche Förderungsmaßnahmen,
- optimale Berufsausbildung,
- hohe Eigenleistung, d. h. Senkung der Stallbaukosten – kann im Hütebetrieb aus Zeitgründen nicht immer erfolgen.

Die Kosten für den Stall betragen je nach Ausführung, Inneneinrichtung und Größe 300,– bis 600,– €/Mutterschaf-Einheit. Damit ist er mit Abstand der größte Kostenfaktor bei einer Betriebsgründung. Aus Gründen der Wirtschaftlichkeit sind alle Möglichkeiten der Einsparung und Optimierung der Produktionstechnik, dokumentiert durch betriebswirtschaftlichen Aufzeichnungen, zu nutzen!

Inneneinrichtung und Stallklima

Aus lüftungstechnischen Gründen werden heute **Außenklimaställe** mit **Trauf-First-Lüftung** gebaut. Bei großvolumigen Ställen wird der Austausch der Stallluft zum Abführen von Wasserdampf und Schadgasen in der Regel mit dieser Schwerkraft- oder Querlüftung erreicht.

Holz, Metall, Beton oder Stahl sind beim Schafstall die wichtigsten Baumaterialien und es werden stützenfreie Gebäude in Hallenform bevorzugt. Bei Aufgabe der Schafhaltung können diese dann anderweitig genutzt werden. Bei Neubauten sollte eine ebenerdige Lagerung von Futtermitteln angestrebt werden.

Die Gebäudelänge hängt von der Größe des Schafbestandes und den geplanten Zusatzräumen ab. Es gibt Stallungen mit bis zu 70 m Länge. Am günstigsten haben sich bisher Stallbreiten bis 22 m erwiesen. Als Richtwert für die Stallfläche gilt: 2,00 m² pro Produktionseinheit (ein Mutterschaf, ein Lamm, 0,2 Zutreter, 0,03 Bock).

Die Traufhöhe soll mindestens 4,5 bis 5 m betragen. Dann ist genügend Bewegungsfreiheit für Front- und Radlader sowie moderne Fütterungstechnik vorhanden.

Gut zu wissen

Das Stallklima wird im Wesentlichen bestimmt durch

- *Temperatur (Sonne, Strahlung, Schatten),*
- *relative Luftfeuchtigkeit,*
- *Luftbewegung und Luftaustausch.*

Hinweise in der Literatur nutzen

Ausführliche theoretische und praktische Hinweise zu Stallbau und Stalleinrichtung, zur Bauplanung, zu Lüftung, Stallklima und Beleuchtung, zu Fütterungseinrichtungen und Wasserversorgung, zu Kot- und Harnmengen und Lagerung von Festmist, zum Bergeraumbedarf und zu Planungsbeispielen für den Neubau eines Schafstalles findet man unter anderem in Fachbüchern wie „Praktische Schafhaltung“ (Mendel, 2008), und „Schafe“ (von Korn, 2001) aus dem Verlag Eugen Ulmer, Stuttgart.

Herdengesundheit – Schäfer als Laienmediziner

Schäfer Ast
Einer der bekanntesten Helfer bei Tier- und Humankrankheiten, der in die Medizingeschichte einging, war Heinrich Ast (1848-1921) aus Radbruch.

Schäfer-Johann Rupp, Reatshofen
Die Schwiegertochter erzählt, wie er seine Schafe behandelt hat: „Das gebrochene Bein wurde mit einem Holzstecken geschient und mit Mehl und Wasser eine Art Gips angerührt. Bei Entzündungen halfen oft Kräuter und einfacher Lehm. Damit hat er sich selbst genauso geheilt."

Dem Schäfer steht heute überall die Hilfe von Tierärzten zur Verfügung, im Notfall kann er sie über Mobilfunk anfordern und erhält auch die notwendigen Medikamente. Bis Anfang des 19. Jahrhunderts war er bei der Behandlung von Schafkrankheiten weitgehend auf sich selbst gestellt. Wanderschäfer berichteten, dass vor dem Ersten Weltkrieg bis Ende der 1940er-Jahre keine Medikamente erhältlich waren. Und vor allem von 1938 bis 1945 und danach setzten Maul- und Klauenseuche, harte Winter und nasse Jahrgänge den süddeutschen Schafbeständen sehr zu.

Um Krankheiten schon im Frühstadium zu erkennen und sofort eingreifen zu können, war immer die genaue Beobachtung der Tiere wichtig. Der Gang, der körperliche Zustand und die Art des Fressens lassen Rückschlüsse auf mögliche Verletzungen und Krankheiten zu. Die Schäfer sammelten Heilkräuter und stellten daraus verschiedene Heilmittel her. Kenntnisse in Naturheilkunde galten neben Erfahrung und Beobachtungsgabe zu ihren wichtigsten Eigenschaften.

Tiere, die natürlich gehalten werden, gelten als am wenigsten anfällig für Krankheiten. Mit dem Aufschwung der Tierzucht entstanden bereits seit dem 18. Jahrhundert eine Reihe von Monographien über Schafhaltung und Schafkrankheiten. Die Landwirtschaftsbücher und die sogenannte Hausväterliteratur widmeten dieser Thematik mehr oder weniger lange Abhandlungen.

Schäfer als „Medizinmann"

In einer Bauernschäferei kümmerte sich der Schäfer während des Winters auch um die Gesundheit der Schafe. Er galt im Dorf als halber Medizinmann, seine Hausapotheke war umfangreich, mit vielen Kräutern und Teesorten versehen. Besondere Fähigkeiten bewies er in der Geburtshilfe, da er hierbei viel Erfahrung, Geduld und Fingerspitzengefühl hatte. Er wurde oft von den Bauern zur Hilfe bei Kalbungen geholt.

Gleichzeitig mussten die männlichen Lämmer „gehammelt" (kastriert) werden. Der Bauer hielt das Lamm fest, der Schäfer machte mit dem Messer an der Spitze des Hodensäckchens links und rechts einen kleinen Schnitt, drückte die Hoden etwas heraus, hielt den Hodensack mit beiden Händen fest, zog dann die Hoden mit den Zähnen heraus und riss die Hodenstränge ab. Dafür bekam der Schäfer ein Ei als Trinkgeld. Die Burdizzozange löste diese Methode ab.

Viele Heilmittel und Methoden wurden seither durch synthetisch hergestellte Arzneien abgelöst. Als Beispiel dient die „Supronal-Tablette", die in den 1960er-Jahren auf den Markt kam und ein langjähriges Heilmittel für Lämmer und Schafe war. Die Schäfer setzten die Tabletten auch bei sich selbst ein, so die Aussage eines Wanderschäfers aus dem Raum Regensburg.

Behandlung von Schafkrankheiten mit Hausmitteln

Dieses Kapitel beschränkt sich in erster Linie auf die Krankheiten, die Schafhalter mit ihren Hausmitteln selbst behandelt haben, dabei nachweislich gewisse Erfolge erzielten und in Interviews darüber berichteten. In zweiter Linie soll dieses Wissen der Schäferei nicht verloren gehen.

Bei den Schafkrankheiten in diesem Kapitel handelt es sich um eine bewusste Auswahl von Problemen, die im Schäferalltag von großer Bedeutung sind. Nicht alle Krankheiten können durch Salben und Mixturen kuriert werden. Manchmal muss sich der Schäfer als „Chirurg" betätigen, etwa wenn gebrochene Knochen zu schienen sind. Deshalb musste er auch anatomische Kenntnisse besitzen.

Die Weiden der Hirten und Schäfer lagen sehr oft weit außerhalb und so zwang der Umstand, inmitten der Natur, allein mit der Herde, den Schäfer früh zu selbstständigem kurativen Handeln.

Räude

Die häufigste Schafkrankheit war die durch Milbenbefall verursachte Räude. Sie ist sehr ansteckend und anzeigepflichtig. Die lästige Hautkrankheit wird schon 1853 im „Handbuch der praktischen Landwirtschaft“ von Martin Fries beschrieben. Die Badeflüssigkeit für die Tiere bestand aus ungelöschtem Kalk, Pottasche, Hirschhornöl, Schiffsteer, Mistjauche und Wasser. Damit wurden die Tiere eingerieben und dies drei Wochen lang alle acht Tage wiederholt. Zecken und Sandläuse versuchten die Schäfer mit Quecksilbersalbe einzudämmen.

1929 empfiehlt Professor Dr. Theodor Oppermann, Hannover, beim Ankauf von Schafen auf „Hautreinheit“ zu achten, das galt besonders für Wanderschäfer. Sie waren darauf immer vorbereitet und hatten einen Tabaksud dabei, der nach Aussage von Lorenz Kroner, Burgbernheim, von ausgekochten Tabakstängeln gewonnen wurde.

Entscheidend bei der Bestandsbekämpfung war aber das Baden der gesamten Schafherde. Ab Sommer 1949 setzten die Landesverbände Bayern, Baden und Württemberg zwei große motorisierte Badekolonnen ein, die Bademittel, Badewanne und einen Buschmann-Heißdampferzeuger mit sich führten. Inzwischen gingen die Herdenhalter dazu über, ihre Herden in einem selbstgebauten Becken zu baden oder die Schafdusche des Schafgesundheitsdienstes anzufordern.

Badekolonnen konnten täglich 1.200 bis 1.500 Schafe baden.

Bericht des Schäfermeisters Walther Rößle

„Da die Räude anzeigepflichtig war, es aber in der Nachkriegszeit vor der Währungsreform kein geeignetes Bademittel in größeren Mengen zu kaufen gab, musste die ganze Sache geheim gehalten werden. Für einige Pfund Wolle besorgte er „hintenherum" ein paar Liter Kreolin. Dann hieß es, die ganze Herde gründlich in Augenschein zu nehmen und zu „schmieren". Jeder kleinste Partikel, der ertastet werden konnte, wurde mit verdünnter Kreolin behandelt.

Nach der Währungsreform am 20.6.1948 konnte man wieder Bademittel kaufen und die Badewanne, die der Landesverband Bayerischer Schafzüchter zur Verfügung stellte, einsetzen. Sie hatte die Größe einer Kleinviehwaage und musste im Boden versenkt werden. In ihr befand sich ein Metallkorb, der gerade Platz für ein Schaf bot. Das Schaf wurde mit dem Rücken in den Korb gelegt, die Füße gefesselt, mit den Ohren die Augen zugedeckt, dann der Korb durch Drehen in die mit Bademittel gefüllte Wanne versenkt und wieder hochgekurbelt, damit die Flüssigkeit wieder zurück in den Behälter laufen konnte. Es war eine mühselige Arbeit, die half die Räude zu bannen. Zum Schluss wurden alle Hurden desinfiziert, um einer erneuten Ansteckung vorzubeugen!"

Nasendasselfliegenbefall

Gegen diesen Parasit blies der Schäfer den befallenen Tieren über ein kleines Röhrchen Schnupftabak, Pfeffer oder Puderzucker in die Nase, um das Ausniesen der Larven zu erleichtern.

Krümme oder Moderhinke

Moderhinke ist auch heute noch eine gefürchtete, ansteckende Klauenentzündung. Die wirksamsten Behandlungsmaßnahmen sind gründliches Ausschneiden, Entfernen des kranken Klauenhorns und weitere Versorgung der ausgeschnittenen Klauen. Daher gehört ein scharfes Messer immer zur Grundausstattung eines Schäfers.

Die sofortige Versorgung der ausgeschnittenen Klauen erfolgte mit einer Salbe aus Kupfervitriol und Schweinefett. Walther Rößle mischte dazu noch Schwarzpulver und Puderzucker. Damit die Wirkstoffe auch in die Zwischenräume der Klauen gelangen konnten, wurde ein Wollstreifen, getränkt mit Kupfervitriol und Bleiessig, durch den Zwischenklauenspalt gezogen. Viele Schäfer ließen außerdem die Schafe alle paar Tage durch ein Fußbad mit einer

„Moderhinke ist weniger eine Schafkrankheit als eine Schäferkrankheit“
Dieser alte Ausspruch enthält viel Wahres: Wechsel von Acker- und Wiesenpferch, nicht zu enge Pferchställe, pünktliches und gleichmäßiges Vorschlagen, genügend Einstreu im Winterstall, Quarantäne für zugekaufte Tiere und vor allem trockene Ein- und Ausfahrten vor den Stalltüren sind bewährte Vorbeugungsmaßnahmen.

Kupfervitriollösung laufen, um einer erneuten Ansteckung vorzubeugen. Andere Schäfer vertrauten hierbei auf Formalin. Eine weitere Möglichkeit war, die Klauen nach dem Ausschneiden mit einer Lösung aus Eichenrinde oder Gerbsäure auszuwaschen. Danach sind die Klauen mit Kupfervitriol oder mit Vitriol und Tannenzapfenöl gut einzupinseln.

Stoppellähme oder Stoppelkrümme

Neben Moderhinke trat früher bei der Beweidung abgeernteter Getreidefelder die sogenannte Stoppellähme oder -krümme auf, Verletzungen und Entzündungen des Zwischenklauenspaltes. Nach dem Ausschneiden schuf ein kühler Lehmumschlag oder Wasserglas Abhilfe. Andere Schäfer empfahlen Karbol oder Schweinefett und das Verbinden des Fußes mit Lappen.

Parasitäre Krankheiten

Bandwurm-, Magen-, Lungenwurmbefall, großer Leberegel. All diese Wurmarten verursachen Abmagerung, Durchfall, Magen- und Darmentzündungen, Blutarmut, Entkräftung und Todesfälle in der Herde.

Die Schäfer setzen nach vorausgegangener Kotuntersuchung und eventueller Unterstützung des Tierarztes zur Behandlung die verschiedensten Medikamente ein. Dazu kommen entsprechende Vorbeugemaßnahmen und sorgfältiges Hüten.

Bandwurm, vor allem im Frühjahr bei Lämmern: Kamala, 4 bis 6 Gramm / Lamm in Kapselform oder als Pulver mit lauwarmem Wasser oder etwas Milch einschütten. Kamala ist ein bekanntes Mittel in der Tierheilkunde, ein zinnoberrotes Pulver, das aus den Drüsen einer ostindischen Frucht entnommen wird. Kamala ist in jeder Apotheke erhältlich, muss aber frisch sein. Eine andere einfache und unschädliche Methode war die Verabreichung von Fichtensprossen, Wacholderzweigen oder -beeren.

Magenwurm: Neben einer Behandlung ist es wichtig, die Schafe kräftig im Stall (Hafer, Gerste, gelbe Rüben) und auf der Weide (Klee- und Lupinenfelder, Heidekrautflächen) abwechslungsreich zu ernähren. Zur Behandlung hat man auch eine Kupfervitriollösung eingegeben. Professor Dr. Theodor Oppermann, Hannover, schreibt 1944, dass auch mit gutem Erfolg jedes kranke Tier von der Mischung aus einem Teil Terpentinöl und zwei Teilen Branntwein morgens und abends ein bis zwei Kaffeelöffel erhalten soll.

Lungenwurm: Einspritzung von „Antimosan“ oder dem „Russenmittel“ (Jod-Jodkali) in die Luftröhre durch den Tierarzt.

Großer und kleiner Leberegel: Der große Leberegel ist ein gefährlicher Schmarotzer während der kleine keine wirtschaftliche Bedeutung hat. Auch hier hat sich Kamala bewährt (zweimal

15 Gramm binnen 24 Stunden oder insgesamt 20 Gramm an fünf aufeinander folgenden Tagen in einer Menge von je 4 Gramm). Um die abgemagerten Schafe schnell wieder in guten Zustand zu bringen, gibt man ihnen Heu und Schrot, dazu Wacholderbeeren und in die Tränke etwas Eisenvitriol.

Drehkrankheit (Dippel)

Sie wird verursacht durch die Finne des Hundebandwurms. Bandwurmeier, die mit dem Hundekot abgehen, werden mit den Schafen über das Futter aufgenommen. Im Gehirn entwickelt sich die Finne zu einer Blase, die schwerste Gehirn- und Gleichgewichtsstörungen hervorruft und zum Tod führt. Mit einer Gehirnanbohrung kann die Blase beseitigt werden.

> ### Info
> *Entscheidend ist, dass sämtliche Herdenhunde im Frühjahr einer Bandwurmkur unterzogen werden. Und die Schäfer sollen sich abgewöhnen, ihren Hunden jeden Kopf eines geschlachteten Schafes vorzuwerfen.*

Blähungen

Ursache dafür sind oft Hütefehler. Zur Vorbeugung füttert man die Tiere vor dem Austrieb mit Heu oder gutem Stroh an, damit sie sich nicht hungrig über das Weidefutter hermachen.

Bei Blähungen hilft eine kräftige Massage der Flanken beziehungsweise das „Auspumpen". Dabei wird mit einen Strohseil oder Holzknebel das Maul offen gehalten, zur Erhöhung der Speichelsekretion. Eine andere Möglichkeit war, dem Schaf geschabte Kernseife auf die Zunge zu geben, Salmiakwasser, Bergöl, Terpentinöl oder Pottasche einzugeben oder eine Emulsion (Haushaltsspülmittel) einzuschütten oder 20 Tropfen eines Mittel mit Urin vermischen, um das Entweichen der Gase zu erreichen.

Sollten diese Methoden versagen, setzte der Schafhalter den Trokar ein. Dies ist ein dreikantiger Dornspitz mit Hülse. Über die Hülse, die beim Entfernen des Trokars im Körper des Tieres stecken bleibt, können die schädlichen Gase entweichen. Die Anwendung ist beim Schaf gefährlicher als beim Rind, da die entstandene Wunde nur schwer heilt. Diese wurde oft mit Wagenschmiere behandelt.

Der Trokar wird in der linken „Hungergrube" etwa je eine Handbreit unter der Lende und vor dem Hüfthöcker angesetzt. Eingestochen wird schräg auf einer zum rechten vorderen Karpalgelenk, oft als Knie bezeichnet, gedachten Linie. Wichtig ist, dass die Trokarhülse an den „Metallzangen" fest auf die Haut gepresst wird, wenn man den Trokarstift herauszieht.

Euterentzündung

Die infektiöse Euterentzündung (Mastitis) zählte früher zu den verlustreichsten Krankheiten der säugenden Schafe. Das erste vom Schäfer zu erkennende Krankheitssymptom ist das Nachziehen eines Hinterbeines. Einreibungen mit Wasserglas, Leinöl oder zu

Schaum geschlagenem Hühnereiweiß, warmem Terpentin oder Umschläge mit heißem Leinsamen können helfen. Sehr gut ist eine wöchentlich einmal vorgenommene Desinfektion der Einstreu. Mit gelöschtem Kalk, heißem Schweineschmalz oder Ringelblumensalbe versuchten die Schäfer auch, die Entzündung zu heilen.

Durch die Entdeckung der Sulfonamide und Antibiotika hat sie ihren Schrecken verloren.

Augenentzündung

Die Schäfer wendeten zur Behandlung folgende, nicht unumstrittene Methode an: Mit einem Pfriem durchbohrte man das Ohr des erkrankten Tieres und zog einen Streifen Schweißwolle vom Rücken, ein Stück Leder oder ein Stück Schwarzwurz hindurch. Dies bewirkte eine Eiterung am Ohr, eine künstliche Entzündung, durch die die eigentliche Krankheit abgeleitet werden sollte. Auch Puderzucker, den der Schäfer in das betroffene Auge blies, war ein typisches Schäferhilfsmittel, ebenso wie in die beiden Gaumenkanäle je einen hohlen Grashalm zu stecken, damit die Entzündung abfließen konnte. Heute gibt es dafür entsprechende Salben.

Traberkrankheit

Auch Scrapie, Gnubber- oder Wetzkrankheit genannt, wurde in Deutschland erstmals 1759 von Leopold festgestellt. Sie trat somit bereits vor der Einfuhr von Merinoschafen aus Spanien auf. In der ersten Hälfte des 19. Jahrhunderts verbreitete sich die Krankheit in Deutschland durch den Aufschwung der Schafzucht stark, besonders unter Merinoschafen. Verlustreich führte sie von 1840 bis 1870 zur Abschlachtung vieler Herden.

1853 vertritt Martin Fries in seinem „Handbuch der praktischen Schafhaltung“ über die Traberkrankheit die Auffassung, sie sei eine erbliche Anlage und somit als Familienkrankheit zu betrachten. Da Heilungsversuche immer erfolglos seien, müssten die Tiere geschlachtet werden, solange das Fleisch noch genießbar sei. Professor Oppermann warnte 1929 vor dem Ankauf von Böcken mit starker Inzucht. Stalldesinfektion ist eine weitere Vorbeugungsmaßnahme.

Heute weiß man, dass es eine Infektionskrankheit ist. Kranke Schafe scheiden den Erreger mit Nasenschleim und bei Geburtsabgängen aus. Wirksame Behandlungs- und Impfmethoden gibt es nicht. Traberkrankheit ist in Deutschland seit 1990 anzeigepflichtig.

Verletzungen – Vergiftungen – Durchfälle

Schnittverletzungen bei der Schur wurden mit Holzasche bestreut oder mit Jodtinktur behandelt, um Entzündungen und Fliegenbefall vorzubeugen. Eine andere Möglichkeit war, die Hautwunde etwas größer zu machen, mit Watte zu säubern, mit Jodbenzin oder Kreolinwasser zu reinigen und mit Karbolkollodium oder Jodtinktur (Sepso-Tinktur) zu bepinseln.

Hundebisse wurden mit einem scharfen Messer etwas gespalten, dann mit Jodtinktur desinfiziert und mit einem Holzteeranstrich versehen.

Holzkohlenteer und Bergöl ließen sich für die **Wundbehandlung** oder zum Eingeben gegen **Blähungen** vermischen. Bei Wunden hat man auch mit Johanniskrautöl gute Erfahrungen gemacht oder man behandelte sie mit Ringelblumensalbe. Eine andere Möglichkeit war das Auswaschen der Wunde mit Kamillentee oder Urin.

Gegen **Schwellungen** half eine Salbe aus der Beinwellwurzel, die gekocht als Sud mit Schweinefett vermischt wurde. Wasserglas bewirkte Kühlung. Einen geschwollenen Fuß behandelte man mit einem Sauerkrautwickel.

Bei **Vergiftungen,** verursacht durch den Hahnenfuß, gab der Schäfer als Gegenmittel dem Schaf warme Kuhmilch zu Trinken, vermischt mit Bergöl (¼ Liter Milch mit 15-20 Tropfen Bergöl / Schaf).

Der Aderlass wurde unterhalb den Augen vorgenommen und bei der **Breinierenkrankheit** angewandt. Er sollte die Unordnung des Blutes stillen und es wieder auf den rechten Weg bringen.

Bei **Durchfällen** konnte ein Aufguss aus Blättern des Gänsefingerkrautes hilfreich sein. Walther Rößle setzte einen Eichenrindentee für die ausgewachsenen Tiere an, die Lämmer erhielten einen Eidotter. Eine weitere Möglichkeit ist, die Tiere auf Wege zu treiben, um sich dort auszukoten und so die Weide nicht zu verseuchen. Andere Schafhalter empfehlen, die Tiere in den Wald zu stellen, damit sie verschiedene Kräuter und Blätter fressen können, die gegen Durchfall helfen.

Fenchel- und Wermuttee bewährten sich bei Magen- und Darmproblemen. Bei **Verdauungsproblemen** jeglicher Art hat sich die Eingabe von Bergwurzsud bewährt. Die aromatisch riechende Wurzel wird gerieben, gekocht und der Sud mit dem Brei dem kranken Tier eingegeben. Bergbauern berichteten, dass sie diesen Sud gegen Magen- und Darmbeschwerden auch bei sich selbst angewendet haben.

Lorenz Kroner, Burgbernheim
erzählt von der „Grauen Salbe“ für die Wundbehandlung. Sie bestand aus gekochter Brunnenkresse, Kamille und Spitzwegerich, anschließend zerstampft und mit Holzasche vermischt, daher die graue Farbe.

Stallhygiene

Branntkalk zur Verbesserung der stallhygienischen Bedingungen und gegen Moderhinke ist eine altbewährte Maßnahme und entspricht wieder dem zunehmenden Wunsch, zur Desinfektion natürliche Stoffe einzusetzen. Die Wirkung beruht auf Wasserbindung und Laugenbildung (Austrocknung). Der normale Branntkalk ist ätzend, daher nicht ungefährlich und kann Brände verursachen. Stattdessen verwendet man nun oft Magnesium-Branntkalk.

Gesunde, lebhafte Lämmer sind die Freude jedes Schafhalters.

Während der Wanderschaft

Wanderschäfer hatten in der Regel gesünderes Vieh als ortsansässige Schafhalter. Kenntnisse der Weide, Beachtung eines Weiderhythmus und der Witterung beim Weidegang gehörten zur Parasitenprophylaxe. Großräumiger Weidewechsel, täglich „frisches Futter“ also und die Meidung von Pferchflächen minderten Reinfektionen. Die Herbstweiden waren für die Bekämpfung der inneren Parasiten sehr wichtig, denn nach der einseitigen Sommerweide boten die Hackfrüchte, ein großes Angebot an Rotklee, Kartoffeln, Zuckerrüben und Wiesen Abwechslung. In den ersten Wochen auf der Herbstweide bekamen vor allem die Lämmer Durchfall. Die Schäfer sagten dazu, „die Lämmer haben sich geputzt“. Dies diente der Gesundheit und dem Fleischzuwachs.

Trat Moderhinke auf, trieben die Schäfer sofort die Schafe durch das Klauenbad. Hurden und Wanne wurden auf dem Anhänger mitgeführt. Ab und zu kam bei den Schafen während der Wanderung Sandlausbefall vor. Hier war eine Behandlung auf der Winterweide dringend notwendig und wurde auch sofort mit entsprechenden Medikamenten durchgeführt. Im Frühjahr trat ab und zu Weidetetanie (Kalzium-Magnesium-Stoffwechselstörung) auf. Von weiteren schwerwiegenden Problemen wurde nicht berichtet. Vor allem seit dem Zweiten Weltkrieg besuchen private Tierärzte und die Veterinäre des Schafgesundheitsdienstes die Wanderschäfer, besprechen Probleme vor Ort und halten bei Schäferversammlungen Fachvorträge.

Die Familie des Wanderschäfers

Der Wanderschafbetrieb ohne nennenswerten Grundbesitz bewirtschaftete fast ausschließlich Pachtflächen. Dagegen war ein eigenes Wohngebäude als Familienbesitz, meist mit einem kleinen Stall für ein bis zwei Kühe, die Böcke, einige Schafe, Hühner und sonstiges Kleinvieh fast immer vorhanden. Die Betriebsgröße bewegte sich früher zwischen 200 und 300, heute zwischen 400 und 1.300 Mutterschafen.

Bei vielen bayerischen Betrieben liegt der Wohnsitz am Ort der Sommerweide, in Baden und Württemberg bei der Sommer- und Herbstweide. So ist die Trennungszeit während der Winterweide kürzer und die Familie war eher bereit, sie von Mitte November bis Mitte April, also fünf Monate, auf sich zu nehmen.

Bei Wanderschäferei ist das Leben der Schäfersfrau nicht weniger schwer und entsagungsreich als das des Schäfers. Der Arbeitsplatz des Ehemannes ist selten in der Nähe. Er muss dem jahreszeitlichen Futteranfall gemäß Weiden pachten, etwa im Sommer die Hutungen der Schwäbischen und Fränkischen Alb, des Vogelsbergs, der Rhön oder sogar des Allgäus nutzen und im Winter die der milden Gebiete des Bodensees, der Donauniederung, Main, Oberrhein oder der Pfalz. Dazwischen ist er vielleicht gezwungen, Herbstweiden zu pachten.

So ist die Frau meist auf sich allein gestellt, sorgt für Haus und Kinder, betreibt eine kleine Landwirtschaft oder nimmt eine Heim- oder Gelegenheitsarbeit an. Sie ist eine selbstständig handelnde Geschäftsfrau, verwaltet auch die Finanzen und kümmert sich um Behördenangelegenheiten. Außerdem muss sie viel Liebe zu den Tieren haben, sehr naturverbunden sein und großes Verständnis für den Beruf ihres Mannes und dafür aufbringen, dass er in der

Erziehung der Kinder und in vielen Sorgen und Entscheidungen des Alltags nicht da ist.

Früher hielt man zum abwesenden Ehemann Kontakt über den Postweg und später das Telefon. Postlagernde Sendungen waren üblich. Heute können Schäfer von der Herbst- und der Winterweide abends nach Hause fahren oder im Wohnwagen übernachten und über Mobiltelefon und Internet mit der Familie in ständiger Verbindung bleiben.

Eine Schafhalterin berichtet, dass ihre Stellung im Familienbetrieb eine ganz wichtige sei: Sie muss überall einspringen können, beim Hüten, wenn ihr Mann mit der Heuernte beschäftigt ist, und bei allen anderen Arbeitsspitzen. Im Schafstall übernimmt sie Teilaufgaben beim Füttern, der Kennzeichnung, beim Umtreiben, Auf- und Abtrieb der Herde von und zu den verschiedenen Weidearten. Die ganze Büroarbeit liegt in ihrer Verantwortung wie Schriftverkehr, Dokumentation zur Schafherde, einfach alles, was mit dem Computer zu erledigen ist – zusätzlicher Zeitaufwand für Kindererziehung, Haushalt und Ehrenämter muss also mit in den Alltag eingeplant werden.

Aussage einer Schäfersfrau

„Eine erträgliche Lebensqualität ist immer dann in der Ehe eines Wanderschäfers oder Herdenhalters gegeben, wenn man zufrieden ist. Die Ehe des Wanderschäfers kann nur klappen, wenn beide Partner charaktervoll zusammenhalten und ein 150%iges Vertrauen besteht."

Bei der Familie des Wanderschäfers Klein aus Langenbach im Sauerland machen alle mit. Früh übt sich, wer ein Schäfer werden will!

Interview des Bayerischen Rundfunks 1991
mit der Ehefrau eines Wanderschäfers

Der Wanderschäfer hatte 36 Jahre lang eine Winterweide im Badischen gepachtet. Die beiden zwei Söhne und die Tochter dieser Wanderschäferfamilie führten den Betrieb später nicht weiter.

Wie kann der Wanderschäfer überhaupt eine Familie glücklich machen – vor allem seine Frau?
„Ja, das kostet viel Kraft. Jetzt macht es ihr nichts mehr aus, wir sind schon lange verheiratet, jetzt ist es nicht mehr so tragisch, aber zuerst war es schon tragisch. Er war nie da. Am Anfang war er fünf Monate weg von Ende November bis Anfang Mai. Wir hatten kein Auto und gar nichts. Mein Gott, man macht das Beste daraus, man muss das Beste daraus machen. Die Kinder waren klein, jetzt sind sie aus dem Haus, ich bin es jetzt gewöhnt!“

Für die kleinen Kinder der Familie sei der Vater oft ein Fremder gewesen, wenn er im Frühjahr von der Wanderschaft zurückkam. Man habe sich wieder aneinander gewöhnen müssen. Und oft hätte der Schäfer seine geplanten familiären Termine nicht wahrnehmen können, wenn gerade auf der Winterweide mit der Schafherde Probleme aufgetaucht sind.

So viele Opfer auch von der Schäfersfrau, so viel Schufterei – Haus versorgen allein, Tiere im Stall versorgen allein, Kinder versorgen allein. Hat die Frau gewusst, auf was sie sich da einlässt?
„Nein, nein, sonst hätte ich es nicht gemacht, ich sage es Ihnen ehrlich, sonst hätte ich es nicht gemacht. Es gibt da kein normales Familienleben, besonders den Kindern gegenüber, denn sie haben von ihrem Vater am wenigsten ...“

Wie der Vater ...
Schäfer werden über die väterliche Linie

Es war zu verstehen, dass manche Schäfersfrau versuchte, den größer werdenden Sohn mit einer starken Neigung zum Schäferberuf davon abzubringen und ihm die Mühen, Sorgen und Entbehrungen dieses Berufs vorzuhalten. Als ledige Burschen können sie schon eine Zeitlang ein Wanderleben führen, aber für den Verheirateten, der seine Familie zurücklassen muss, ist es schwer zu ertragen. Doch letztlich setzte sich oft die Begabung und Freude am Umgang mit den Tieren durch, und so zieht sich der Beruf des Schäfers in vielen süddeutschen Familien über Generationen hinweg. Oft wurden die Herden dabei vergrößert, der Betrieb sesshaft und krisensicher gemacht, das geistige Erbe des Standes erhalten und weitergegeben.

77 % aller Schäferfamilien gaben über drei, vier und mehr Generationen den Beruf in der väterlichen Linie weiter und diese Tradition bildete eine berufsständische Gesinnung aus. Der bäuerliche oder bürgerlich-handwerkliche Lebenskreis kam vorwiegend über die Frau in die Schäferfamilien. Beide Lebensarten und Denkweisen wurden nach Hornberger (1952) in der Ehe nur selten verwischt, sondern sie blieben erhalten durch die räumliche Trennung und die unterschiedlichen Beschäftigungen von Mann und Frau, oder wurden sogar noch verstärkt.

Anfang der 1960er-Jahre wurden die ersten Frauen zu Schäferinnen ausgebildet. Heute ist es nicht mehr außergewöhnlich, „Tierwirtschaftsmeisterin Schäferei“ zu werden und Schafhaltungsbetriebe führen.

Betriebsnachfolge

Dies ist ein schwieriges Thema in vielen Schäfereien. Wenn Sohn oder Tochter erwachsen sind, ist das Betriebsleiterehepaar für eine Übergabe meist noch zu jung. So steigen die Kinder nach der Schulausbildung je nach Neigung und Begabung in unterschiedliche Berufszweige ein. Am Betrieb helfen sie bei Arbeitsspitzen mit, doch ob sie später den Beruf „Tierwirt, Fachrichtung Schäferei“ ergreifen und auf den elterlichen Betrieb zurückkehren, ist ungewiss. Und wenn, dann ist es betriebswirtschaftlich sehr schwierig, einen Vollerwerbsbetrieb so zu führen, dass er zwei Familien ernährt. Die Voraussetzungen dazu sind eine Betriebsgröße mit mindestens 800 Mutterschafen, ausreichend kostengünstige Sommerweide und genügend Futterflächen für die Winterstallzeit.

Wirtschaftlichkeit in der Wanderschäferei

Im Jahr 1949 setzte sich Hans Ulrich Hutten aus Dächheim in Unterfranken betriebswirtschaftlich mit der „Schafhaltung Süddeutschlands im Zwielicht von Natur und Liberalisierung“ auseinander. Er betrachtete dabei drei Aspekte: Natürliche Grundlagen der Schafhaltung, die Praxis der Schafhaltung und deren grundsätzlicher Wert und „Wie erhalten wir unsere Schafhaltung?“ Seine Gedanken und tatsächliche aktuelle Entwicklungen werden in den folgenden Passagen kurz beleuchtet.

Natürliche Grundlagen

Die Schafhaltung Süddeutschlands baut auf der Tatsache, dass Ödländereien nur noch durch Schafe genutzt werden können, zugunsten der Land- und Volkwirtschaft. Dabei werden landwirtschaftlich sehr wertvolle Gesichtspunkte wie die zeitliche Ausnützung von Abfallfutter jeder Art, Vertilgung von Unkräutern und Düngung abgelegener, schwer zugänglicher Flächen gewährleistet.

Außerdem fließen Pachteinnahmen in die Gemeindekassen, die ohne die Schafhaltung nicht annähernd dasselbe finanzielle Ergebnis erzielen könnten. So liegt es nahe, dass zwischen Landwirtschaft, Gemeindevertretung und Regierung kein berechtigter Widerspruch, noch viel weniger eine Abneigung oder gar Feindschaft bestehen sollte.

Ein Berufszweig, der sich so ausschließlich mit der Verwertung von Abfallfutter befasst, ist nur auf den Grundlagen von Tradition und beruflichen Spezialkenntnissen denkbar. Dank dieser Schäfereiform werden erstaunliche Mengen Wolle und Fleisch erzeugt und durch die Pferchleistung erhebliche Flächen in landwirtschaftliche Kultur gebracht und erhalten.

Der süddeutsche Schäfereibetrieb ist ein bedingter Saisonbetrieb und ein großer Prozentsatz von ihnen lebt allein von der Schafhaltung. Alle süddeutschen Wollernten fallen zur gleichen Zeit an und der Geldbedarf aller einzelnen Schafhalter wird fast gleichzeitig akut. Ist die Wolle auf dem Weltmarkt im Preis niedrig oder nur zum Teil absetzbar, bedeutet dies betriebswirtschaftliche Schwierigkeiten für die Betriebe. Auch ist von September bis November der Anfall von Schlachttieren sehr hoch, mit der Folge von Preisrückgang und Absatzschwierigkeiten.

Vorschläge 1950 von Huttens zu: „Wie können wir unsere Schafhaltung erhalten?"

Grundlage ist eine **geregelte, langfristige Verpachtung aller Weidekategorien** mit bezahlbarem Weidezins, mit Unterstützung des Verbandes und Einschaltung des Ministeriums.

Ein Ziel ist die **Verbesserung der Wollleistung und -qualität** durch züchterische Maßnahmen bei weiblichen Jährlingen und zweijährigen Schafen, rechtzeitige Ausmerzung schlechter Wollträger, Bewertung der Kilberjährlinge und Zeitschafe im Typ, mit dem Ziel, mittellange, gedrungene und tiefe Formen auszuwählen. Verbilligung und Qualitätsverbesserung des Hammelfleisches und Erhöhung des Wollpreises über Subventionen (Wollqualitätsprämie). Vereinbarungen mit Industrie und Handel, damit Wolle nicht unter dem Gestehungspreis abgesetzt werden muss, und Wolle grundsätzlich aufgenommen und entsprechend bezahlt wird. Ausbau und finanzielle Stärkung der Deutschen Wollverwertung zu einer Verkaufsorganisation, die in der Lage ist, für die süddeutschen Schäfer die Funktion einer Woll- oder Schäferbank zu übernehmen.

Info

In der Zwischenzeit haben sich von Huttens Vorschläge als vorausschauend und praxistauglich erwiesen.

Das andere Ziel muss es sein, das gesamte **Schlachtvieh jünger und schneller** abzusetzen, Verzicht auf drei- und zweijährige Hämmel und zu alte Brackschafe. Arbeitsteilung innerhalb der Landesschafzucht: Betriebe produzieren Hämmel in Stallmast, andere Lämmermast, der überwiegende Teil der Wanderschäfer beschäftigen sich mit Weidemast.

Das dritte Ziel betrifft **Aus- und Fortbildung**. Bei der Ausbildung von Landwirten Schäfereifragen viel intensiver behandeln, Eingliederung der Schafhaltung in die betriebswirtschaftlichen Vorgänge der Landwirtschaft in der Landwirtschaftsschule, Schäferei an den Hochschulen aus dem Aschenbrödeldasein herausführen.

Im Jahr 1950 stellten die süddeutschen Schäfereibetriebe diese Forderung auf und verlangten eine klare Entscheidung dafür, die Schäferei Süddeutschlands als Teilgebiet der Tierzucht zu betrachten, zu behandeln und staatlich zu fördern. Entsprechend der agrarpolitischen Vorgaben der EWG beziehungsweise EU in den vergangenen 60 Jahren erfüllte der Staat die Forderung und stützt die Schafhaltung organisatorisch und züchterisch über das Tierzuchtgesetz. Zusätzlich wurden verschiedene berufsständische Organisationen gegründet, um den Absatz von Schafprodukten für Klein- und Herdenschafhalter zu sichern und den züchterischen Fortschritt über Leistungsprüfung im Feld und auf Station zu ermöglichen. Mit der Einrichtung von Fachzentren für Kleintiere, Bereich Schafe, Ziegen und Landwirtschaftliche Wildhaltung wurde die staatliche Beratung gestärkt.

Schäfermeister Thomas Graf mit einem Altdeutschen und Deutschen Schäferhund – Landschaftspflege am Ortsrand von Kasing.

Schäfermeister Klaus Linde, geb. 1940

Eine **deutsch-deutsche Geschichte** ist die des Schäfermeisters Klaus Linde, der im Januar 1961 von Ost nach West wechselte. Er wurde in Kahla / Thüringen geboren. Er wollte unbedingt Schäfer werden und besuchte deshalb die Berufsschule für Splitterberufe Wippra, Kreis Hettstedt, Bezirk Halle vom 01.09.1955 bis 30.01.1957. Zu seinen befriedigenden fachlichen Leistungen bescheinigte ihm die Schule noch zielstrebiges und zuverlässiges Verhalten.

Die praktische Ausbildung vom 01.09.1955 bis 28.02.1958 zum Feldschäfer machte er in der Bauernschäferei Ernst Büschel, Zweifelbach und legte hier die Gehilfenprüfung ab. Sein Lehrherr bedauerte, dass er danach wegen besserer Verdienstmöglichkeiten wegging. Im Zeugnis bestätigte er seinem Lehrling, dass er eine Herde selbstständig, bereits wie ein guter Gehilfe geführt hatte und stets aufmerksam, fleißig und ehrlich war.

Westen – neuer Anfang

Bald nach der Ankunft nahm er Kontakt auf zum Landesschafzuchtverband Baden-Württemberg und zum Landesverband Bayerischer Schafhalter. Aus Stuttgart bekam er fünf Adressen von Schafhaltern, die einen Schäfer suchten. So trat Klaus Linde am 30.06.1961 beim Schäfermeister Georg Glaser in Schlat, Landkreis Göppingen, seine Stelle an. Am 28. August bereits wanderte er mit einer Herde von 270 Köpfen in drei Tagen von Schlat nach Berghülen bei Blaubeuren auf die Nachsommer- oder Herbstweide. Das war für ihn in der Fremde bestimmt nicht einfach, zwar mit guten Hinweisen und Ratschlägen versorgt, musste er sich eben durchfragen und schaffte es auch, dank seiner qualifizierten Ausbildung und der Hilfe seiner Altdeutschen Schäferhunde.

Im Dezember 1961 führte er eine Herde von 150 Mutterschafen und 143 Lämmern nach Trossingen, wo sie in zwei Waggons der Bahn verladen wurden und nach einem Tag Fahrt den Bahnhof Lahr und ihr Winterweidegebiet in Schuttern am 22.12.1961 erreichten. Klaus Linde konnte sich dort bis zum 16.04.1962 aufhalten, also fast bis zum legendären Georgentag, dem 23. April, ab dem die Schäfer auf der Winterweide nicht mehr gern gesehen waren.

Dann reiste er über Reichenbach, Biberach, Hausach, Schiltach, Schramberg, Oberndorf, Balingen, Hechingen, Mössingen und Gomadingen nach Münsingen, wo er am 07.05. ankam.

Unterwegs wurde er am 26.04. in Herrenzimmern bei Rottweil von der Polizei angehalten und auf eine neue Route verwiesen. Die Maul- und Klauenseuche war ausgebrochen, und das Gebiet im Umkreis von 15 km gesperrt. Natürlich untersuchte der Amtstierarzt die Schafe, „*seuchenfrei und unverdächtig*“ steht im Kontrollbuch.

Auch diese Reise war eine Herausforderung, neue landschaftliche Gegebenheiten, die Eigenheiten der Bauern. Aber er kam gut zurecht, er wanderte auf den Wegen, die seine Vorgänger schon für gehbar befunden hatten und die zu Bauern führten, die den Wanderschäfer gewohnt waren und ihm Unterstützung gewährten.

Seine Herde gehörte den damaligen großen Schafhaltern Weeger & Hausch, Kirchheim / Teck. Klaus Linde bekam für die Hin- und Rückreise zusammen stolze 600,– DM, für den Aufenthalt auf der Winterweide bezog er seinen normalen Lohn. Ein Oberschäfer der Firma besuchte ihn von Zeit zu Zeit, schaute nach dem Rechten, nahm seine getragenen Kleider mit und brachte sie gewaschen zurück. Auch in den folgenden Jahren war er mit den Schafen auf der Winterweide in Schuttern, wanderte aber auch auf anderen Wegen zurück.

Den Winter 1964 verbrachte der Schäfer in der Pfalz bei Bergzabern. Am 09.04. ließ er hier seine Herde zum letzten Mal aus dem Pferch und reiste über Jockgrim nach Maximiliansau. Nachdem die Polizei von Neustadt / Weinstraße verständigt war, überquerten die kleinen Wieder-

Reise von der Winterweide: Schuttern – Seelbach – Prinzbach – Fischerbach – Gutach – Fohrenbühl – Sulgen – Irslingen – Geislingen – Burladingen – Dottingen – Münsingen – Laichingen.

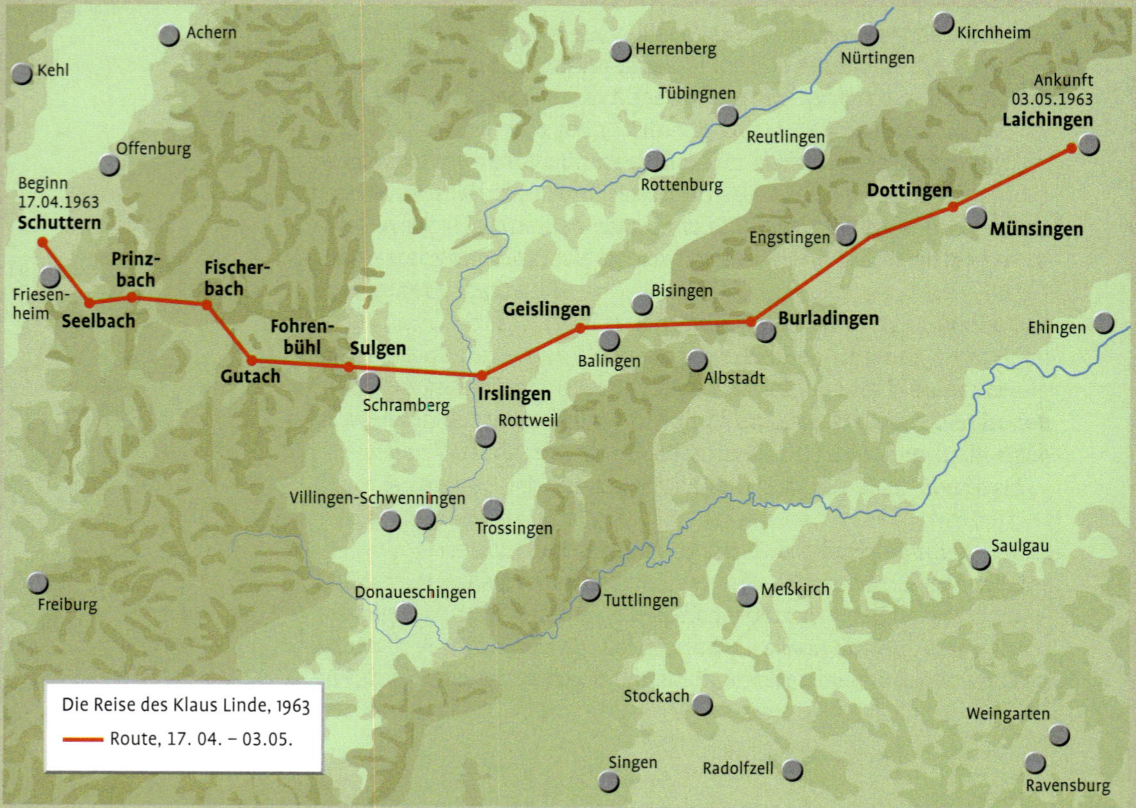

käuer in deren Obhut am 15.04. den Rhein bei Maxau. Dies durfte nicht vor 9 Uhr geschehen, sondern erst, wenn der Berufsverkehr nachgelassen hatte. Im Badischen bei Karlruhe empfing ihn der Feldschütz, fuhr mit seinem Moped in die Stadt und brachte ihm seine Triebgenehmigung vom Polizeipräsidium. Über Ettlingen, Malsch, Sandweier, Forbach, Reichenbach, Freudenstadt, Talheim, Kohlstetten und Feldstetten kam er am 03.05. mit 270 Schafen in Berghülen an. Zweimal wurden die Schafe auf ihren Gesundheitszustand kontrolliert und einen Tag nach der Ankunft nachgezählt.

Selbstständigkeit

Es brauchte Mut, als sich Klaus Linde ab 1964 selbstständig machte, denn zu in dieser Zeit befand sich die Schäferei im Abschwung, zutreffender ausgedrückt, im freien Fall. Sein Arbeitgeber stellte ihm das beste Zeugnis aus und Klaus Linde kaufte bei ihm 35 Paar Zuchtschafe zu 320,– DM / Paar. Es kam die stolze Summe von 11.200,– DM zusammen. Einige Monate danach erwarb er ebenfalls von Georg Glaser zwei Hunde und einen Schäferkarren für 500,– DM. Er konnte, und das war gut überlegt, die Weide in Bühlenhausen mitübernehmen, auf der er schon einige Jahre gehütet hatte und bekannt war. Neubeginn und Ende zugleich, denn die traditionsreiche Schäferei des Georg Glaser existierte ab dem Zeitpunkt nicht mehr.

Um sein Einkommen zu verbessern, übernahm Klaus Linde von 1. Mai bis 1. November Pensionsschafe, pro Kopf und Monat verlangte er anfangs 2,– DM. Bis 1971 führte der Schäfer noch drei- bis viertägige Nachbarschaftswanderungen durch, dann gibt es keine Eintragungen mehr in seinem Kontrollbuch. 1967 baute er einen Stall.

Im Jahr 1970 fand in Baden-Württemberg mangels Beteiligung kein Vorbereitungslehrgang zur Schäfermeisterprüfung statt. Klaus Linde wandte sich ohne zu zögern nach Bayern und absolvierte die Prüfung erfolgreich am 11.03.1971 in Triesdorf. Gleichzeitig übernahm der neue Schäfermeister die Milchleistungskontrolle für Kühe. Er hatte sie bis 1995 inne.

Die Schäferei lief von nun an als Nebenerwerb. In Pacht hatte Klaus Linde 30 ha von der Stadt Blaubeuren, von Privat 5 ha. Das Winterfutter erzeugte er selbst. 1966 bezahlte er für die Schafweide an seinem Wohnort Bühlenhausen 200.-, 1974 dann 500,– DM jährlich. Eine neue Variante war die Verpachtung für 1988, denn die Dauer wurde auf drei Jahre ausgedehnt. Jetzt teilte man die Weiden auf drei Schäfer auf. Klaus Linde bekam die gesamte Vorsommerweide vom 23. April (Georgi) bis August und als Nachsommerweide die Gemarkung Bühlenhausen. Die anderen Flächen erhielten zwei andere Schäfer. Klaus Linde bezahlte für das erste Jahr 300,– DM, während seine Kollegen mit 900,– und 1.400,– DM dabei waren. Im Jahr 2005 zog sich Klaus Linde zufrieden und gesund aus seinem 50-jährigen Schäferleben zurück.

Gut zu wissen

Das Beispiel von Klaus Linde zeigt, wie Mut, neue Ideen und Tatkraft trotz schwieriger Zeiten zu einem gesunden Betrieb führen können.

Strukturwandel

In der Schäferei vollzog sich ab 1965 ein großer Umbruch. Niemand mehr wollte fettes Fleisch und so verschwanden die Hammelherden bis Anfang der 1970er-Jahre zugunsten der Mutterschafe. Um Lämmermast betreiben zu können, brauchte man einen Stall und musste Kraftfutter zu kaufen, das Grundfutter und Stroh werben und die dafür notwendigen Maschinen anschaffen. Dabei verfielen die Preise für Wolle, die Löhne stiegen, für Lammfleisch wurde nicht das bezahlt, was es wert war. Die Produktion frühreifer Schlachtlämmer musste trotzdem forciert werden, mit der Unterstützung unabhängiger Prüfstationen.

Seit 1965 stiegen die Schafbestände in Deutschland wieder an. Durch den von der EWG geschaffenen Strukturwandel in der Gesamtlandwirtschaft seit 1968 eröffneten sich für die Schafhaltung günstigere Zukunftsaspekte. Das Schaf begann in manche Bauernhöfe zurückzukehren, nicht als Woll-, sondern als Fleischlieferant. Wissenschaft und Praxis zeigten wieder Interesse an der Schafhaltung. Die Triebkräfte kamen von den Betrieben selbst und vom Markt, die Aussichten für Qualitätslammfleisch gestalteten sich zunehmend besser.

Entwicklung der Schafzahlen Deutschland gesamt und in Süddeutschland (Bayern, Baden-Württemberg, Rheinland-Pfalz und Hessen)

Jahr	Deutschland Stückzahl gerundet	Süddeutschland Stückzahl gerundet
1900	9.700.000	3.237.400
1914	5.471.000	2.042.800
1920	6.139.299	2.800.000
1939	4.844.600	2.077.900
1955	2.257.700	1.195.804
1960	1.036.652	1.026.700
1965	796.819	786.900
1968	829.810	819.500
06/1978	1.135.557	679.293
06/1988	1.464.279	845.837
06/1998	2.870.000	912.100
05/2008	2.444.400	837.100
2009	2.350.500	954.600
2010	2.088.500	895.400

Seit den 1970er-Jahren wird Herdenschafhaltung fast ausschließlich von Familienbetrieben ausgeübt. Ihre Existenz hängt größtenteils von der Bereitstellung und Erhaltung von Weiden der öffentlichen Hand ab und von der Möglichkeit, brach fallende Flächen in Mittelgebirgslagen und Stadtbereichen zu nutzen. Dies zusammen mit Ausgleichszahlungen für erbrachte Vorleistungen trug dazu bei, dass die Herdenhaltung erhalten geblieben ist.

Die betriebswirtschaftliche Seite der Herdenhaltung heute

Der Erlös aus dem **Lämmerverkauf** ist entscheidend für die Höhe des Gewinns in der Schafhaltung. Es kommt also darauf an, pro Mutterschaf viele vermarktungsfähige Lämmer aufzuziehen

Der Direktverkauf der Produkte von Schaf und Lamm, auch Online, bietet neue Einkommensmöglichkeiten schafhaltende Betriebe.

und sie zu einem möglichst hohen Preis abzusetzen. Der Schäfer kann durch verbessertes Fruchtbarkeitsmanagement und geringere Verluste die Produktivität positiv beeinflussen. Doch deutliche Grenzen werden durch die extensiven Produktionsbedingungen wie Hütehaltung, Landschaftspflege auf Extensivflächen, fehlende Stallkapazitäten und bessere Futterflächen gesetzt.

Daneben ist auch die **Mast- und Schlachtleistung** der Lämmer ein entscheidender Wirtschaftsfaktor. Nur mit Qualitätslämmern lassen sich hohe Produktpreise erzielen. Weitere Möglichkeiten den Produktpreis zu erhöhen, bestehen in der Ausnutzung der saisonalen Preisschwankungen und der **Direktvermarktung**. Hier muss jedoch eingerechnet werden, dass Selbstvermarktung höhere Kosten verursacht.

Parallel zu den produktionstechnischen Bemühungen sind weiterhin ausreichend hohe **Ausgleichszahlungen** für Leistungen in der Landschaftspflege nötig. EU, Bund und die Länder fördern die Schäfereien auf vielerlei Art und werden dies auch weiterhin tun müssen, um die gesellschaftlich anerkannten Leistungen der Schafhaltung in der Landschaftspflege nachhaltig zu sichern.

Andererseits trägt die Senkung der Kosten zur Wirtschaftlichkeit bei. Entscheidend ist, dort planmäßig anzusetzen, wo der größte Effekt zu erreichen ist. Die Herdenhalter im Vollerwerb sind in Zukunft gezwungen, zusammenzuarbeiten, um bessere Preise auf dem Woll- und Lammfleischmarkt zu erzielen und über den Betriebsmittelbezug Kosten einzusparen.

Weitere Vermarktungsmöglichkeiten

Viele Herdenhalter versuchen mit neuen Ideen die Wirtschaftlichkeit des Betriebes zu verbessern. Dazu zählen:

- **Hoffeste** mit den verschiedenen Produkten vom Lamm und Schaf, Schafrassenschau, Quiz für Kinder und Erwachsene und andere Aktivitäten
- **Flyer** mit Informationen zum Betrieb und Einkaufsmöglichkeiten von Lammfleisch
- **Internetauftritt**
- **Verpachtung** von Schafstalldächern für Solaranlagen
- **Übernahme** von Landschaftspflegeaufgaben für Kommunen
- **Pensionsviehhaltung**
- Verkauf von **Qualitätsdung**
- Abgabe von **Tierpatenschaften**
- **Betriebsbesichtigungen** und **Betriebsführungen**
- **Mitwanderpatenschaften** von der Winter- zur Sommer- oder zur Herbstweide

Die Schäferei in der Zukunft

Der Schafhalter muss als Unternehmer wirtschaftlich arbeiten, kaufmännisch denken, handwerkliches Geschick und Fachkenntnisse besitzen. Gut ausgebildete Schafhalter können neben austauschbaren Produkten für den globalen Markt vor allem hochwertige, einzigartige Produkte und Leistungen für den regionalen Markt produzieren.

Lammfleisch ist ein Qualitätsprodukt für die menschliche Ernährung, unterliegt keinen religiösen Tabus und gewinnt an Beliebtheit, auch weil es lokal produziert wird. **Schafwolle** dagegen wird ein Nebenprodukt bleiben. Der Preis ist betriebswirtschaftlich unbedeutend.

Die **Pflege der Kulturlandschaft** ist nicht nur ein Schlagwort. Sie wird erheblich zunehmen und die Schafhaltung lässt sich flächen- und arbeitsextensiv gestalten. Man kann alles importieren, nur keine Landschaftspflege!

Eine korrekte Einstellung zum Beruf Schäfer ist die beste Grundlage für ein gutes Verhältnis zu Nachbarn, Landwirten, Verpächtern von Sommer-, Herbst- und Winterweiden. Mut, fachliche Qualifikation und Flexibilität sind das Rüstzeug für die kommenden Jahre, dann hat die Herdenschafhaltung weiterhin eine Existenzberechtigung.

2012 – Aus der Sicht einer Schafhalterin

In einem Gespräch erklärt eine Schafhalterin die Probleme der heutigen Herdenhaltung. Einerseits sieht sie eine positive Zukunft im Familienbetrieb, wenn es auch für alle sehr anstrengend und mit wenig Freizeit verbunden sei.

Probleme andereseits bereiten fehlende Triebwege, ständige Unsicherheit mit den Verpachtungen durch Laufzeiten und Preise. Viele Schafhalter hätten Investitionen auf der Sommerweide getätigt, etwa Stallungen gebaut oder technische Geräte zur Arbeitserleichterung angeschafft. Bei Neuverpachtung seien sie dann gezwungen, den Preis zu überbieten, denn sie könnten sich nicht einfach die Schafe auf den Rücken binden und an einem anderen Ort neu beginnen.

„Um wirtschaftlich überleben zu können, ist es für einen schafhaltenden Betrieb wichtig, dass die Pflegemaßnahmen der Landschaft als Dienstleistung anerkannt werden!“

Für die Zukunft schlägt sie für den Familienbetrieb eine Arbeitsteilung Hüten / Lämmeraufzucht / Vermarktung und Landwirtschaft vor. Außerdem sollte der Betrieb aus wirtschaftlichen Gründen die Dienstleistungen des Maschinenringes, des Erzeugerringes für Mastlämmer, der Erzeugergemeinschaft Bayerischer Schafhalter und die der Berufsvertretung intensiver in Anspruch nehmen und eng mit diesen Organisationen zusammen zu arbeiten.

Bei den politischen Entscheidungsträgern erscheint das Wissen um die tatsächlichen Belange einer zukunftsfähigen Schafhaltung erschreckend gering. Hier gelte es immer wieder, die Schafhaltung auf die Tagesordnung zu setzen. Durch sachliche Argumentation müsse Gesellschaft und Politik klargemacht werden, dass es eine landschaftspflegende Schafhaltung in Deutschland im Wettbewerb mit neuseeländischen Marktpreisen, deutschen Produktionskosten, EU-Auflagen sowie Artenidealismus nicht geben kann!

Schäfer als Lehrberuf

Schon in den alten Verordnungen der süddeutschen **Schäferzünfte** waren drei Jahre Lehrzeit – für Meistersöhne nur zwei – vorgeschrieben. Nach weiteren drei Jahren konnte der Schäfergehilfe zum Meister „heranstehen". Vom 15. bis zum Beginn des 19. Jahrhunderts beaufsichtigten die Obermeister der Schäferzunft, zusammen mit den Organen der örtlichen Territorialherrschaft die Lehrzeit der jungen Schäfer und nahmen die Prüfung ab. Nach Auflösung der Zünfte nahmen sich staatliche Stellen der Fachausbildung des Schäfernachwuchses an. Der erste deutsche Schäferkurs fand 1788 in Triesdorf bei Ansbach statt.

Schäferschule Triesdorf

1863 errichtete das landwirtschaftliche Kreiskomitee von Unterfranken und Aschaffenburg in Thüngen eine Schäferschule. Ein Jahr später erfolgte durch das landwirtschaftliche Kreiskomitee von Mittelfranken die Wiederbegründung der Schäferschule in Triesdorf (Schlögl, 1954), das ähnlich wie Hohenheim in Württemberg seitdem seine Tradition als süddeutsche Ausbildungsstätte gewahrt hat.

War bis zum Ersten Weltkrieg die mittelfränkische Kreisregierung die Trägerin der Lehrgänge, so veranstaltete seit dem Jahr 1918 der **Landesverband Bayerischer Schafzüchter** dort jährlich zwei bis drei Schäferfortbildungskurse mit Gehilfen- und Meisterprüfung. Diese vom Verbandsausschuss beschlossenen „Grundbestimmungen über die Ausbildung und Prüfung von Schäfern" wurde 1927 vom Bayerischen Staatsministerium für Landwirtschaft genehmigt.

Seit 1948 untersteht die Schäferausbildung als Hoheitsaufgabe dem **Bayerischen Staatsministerium für Ernährung, Landwirtschaft und Forsten**. Dafür wurde am 9.12.1948 die „Bestimmung über die praktische Ausbildung und Prüfung von Schäfern in Bayern Nr. 6231 c 1 B 6" erlassen. Darin heißt es unter anderem:

Die Schäferlehre dauert drei Jahre ohne Unterbrechung. Der Lehrvertrag muss in dreifacher Ausfertigung beim Bayerischen Staatsministerium für Ernährung, Landwirtschaft und Forsten, Referat Schafzucht, zur Genehmigung eingereicht werden. Die Teilnahme an Lehrgängen und Veranstaltungen ist Pflicht, gegebenenfalls muss der Lehrling noch die Berufsschule besuchen.

Die Schäferlehre wird mit der **Gehilfenprüfung** abgeschlossen, in der Regel im Frühjahr oder Herbst. Die Lehrmeister müssen vom Staatsministerium anerkannt sein. Die endgültige Anerkennung kann erst ausgesprochen werden, wenn mindestens ein Lehrling des betreffenden Lehrmeisters die Schäfergehilfenprüfung mit der Note „gut" bestanden hatte.

Die **Gehilfenfortbildung** dauerte mindestens sechs Jahre. Teilnahme an Leistungshüten und Fortbildungslehrgängen ist erwünscht. Die Prüfungskommission bestand aus Vertretern der Arbeitgeber oder Arbeitnehmer, dem Lehrschäfermeister, einem Vertreter des Referates Schafzucht, der Deutschen Wollverwertung,

Das Hüten ist einer der Schwerpunkte in der Ausbildung der Schäfer

einem Fachlehrer aus der landwirtschaftlichen Berufsschule, einem Vertreter des Landesverbandes Bayerischer Schafzüchter und vom Bauernverband. Die Schäfermeisterprüfung konnte man erst nach Vollendung des 24. Lebensjahres ablegen.

Bereits 1951 gab es Verhandlungen mit dem Bayerischen Staatsministerium für Unterricht und Kultus zur **Einrichtung einer Berufsschule für Schäferlehrlinge**. 1953 hatten diese endlich Erfolg. Mit der Entschließung Nr. III 72129 vom 10. Dezember 1953 wurde die Genehmigung erteilt, dass in Triesdorf mit fünfwöchigen Schäferkursen und einem besonderen Lehrplan die Berufsschulpflicht von Schäferlehrlingen des dritten Berufsschuljahres abgegolten werden kann. Der erste derartige in der Bundesrepublik Deutschland veranstaltete Fünfwochenkurs wurde im Oktober 1954 mit zwölf Lehrlingen durchgeführt.

Am 4. März 1952 wurde durch Staatsminister Dr. Alois Schlögl die Errichtung einer **Bayerischen Lehr- und Versuchsanstalt für Schafzucht** in Triesdorf genehmigt, ein bedeutender Staatszuschuss hierfür gewährt und als Leiter Landwirtschaftsrat Dr. A. Rubner bestimmt. Neben der Ausbildung wurde der Lehr- und Versuchsanstalt noch die zweite Aufgabe in Form des gesamten Versuchswesens auf dem Gebiete der Schafzucht zugewiesen.

Als zuständige Stelle für die Aus- und Fortbildung der Schäfer wurde 1959 die Bayerische Landesanstalt für Tierzucht in Grub benannt, die dieser Pflicht seither in enger, stets guter Zusammenarbeit mit der Berufsschule und den Landwirtschaftlichen Lehranstalten Triesdorf nachkommt. Die Berufsschulausbildung der Schäfer findet in Theorie und Praxis in Form von Blockschulungen ebenfalls in Triesdorf statt. Im Rahmen eines erforderlichen Ausbaues wurde die Prüfstation 1973 an die Landesanstalt für Tierzucht, seit 2003 Landesanstalt für Landwirtschaft, Institut für Tierzucht, nach Grub verlegt.

Schäferschule Stuttgart-Hohenheim

Aufgrund einer großen Hungersnot in Württemberg gründete König Wilhelm der I. von Württemberg 1817 in Hohenheim eine landwirtschaftliche Unterrichts-, Versuchs- und Musteranstalt, die am 20. November 1818 eröffnet wurde. Die Schäferei spielte dabei eine wichtige Rolle. Diese Unterrichtsanstalt war der Ursprung für die heute noch gebräuchliche Bezeichnung „Schäferschule".

Ab 1948 wurden ganz ähnliche Ausbildungsbestimmungen wie in Bayern durch das **Württembergische Landwirtschaftsministerium** erlassen. Sie hatten bis 1990 Bestand. Inzwischen heißt die Hohenheimer Ausbildungsstelle offiziell **„Landesberufsschule für Tierwirte"**. 1990 wurde der Lehrplan neu ausgearbeitet und entsprechend umgesetzt. Gelehrt wird in Form von Blockunterricht, zwei Blöcke à fünf Wochen Dauer/Jahr. Er gliedert sich in berufsfeldbreite Grundbildung und eine aufbauende Fachbildung im gewählten Schwerpunkt. Die überbetriebliche Ausbildung besteht aus Lehrgängen, unter anderem Schafhaltung, und Projekten (Arbeitsvorhaben, Leittexte).

Eine universitätseigene Schafherde

Bis Mitte der 1990er-Jahre weidete auf den Wiesen rund um das Schloss Hohenheim die Schafherde der Universität. Danach kam sie bis 2010 nach Kleinhohenheim, danach ein Teil der Herde aus etwa 300 Mutterschafen und 180 Lämmern auf den Lindenhof bei Reutlingen. Der Rest wurde verkauft und geschlachtet.

Grund für diese Zäsur in der traditionellen Schafhaltung war das Haushaltsdefizit der Uni Hohenheim. Damit ging eine Schafherde verloren, die fast zwei Jahrhunderte der Ausbildung und Forschung gedient hatte.

Weggespart

Die Argumente der externen Gutachter: ***„Züchtungsprojekte sind kein relevantes Gebiet, mit Schafen und Bullenmast ist nichts mehr verdient. Es ist nicht mehr die Zeit, um krampfhaft an Traditionen festzuhalten!“***

Arbeitsverträge für Schäfer

Als Schäfer gelten Personen, die Fütterung und Pflege der Schafe einschließlich des Hütens als gelernten Beruf betreiben. Als Arbeitsmaß zur Berechnung der Entlohnung galten für den Schäfermeister oder den selbstständigen Schäfer 150 Mutterschafe mit Nachzucht.

Richtsätze von 1940 regelten den Abschluss von Einzelarbeitsverträgen für Schäfer und Wanderschäfer. Die Verordnung diente als Grundlage zur Regelung der Lohn- und Arbeitsbedingungen für die in Guts-, Gemeinde-, Genossenschafts- und Wanderschäfereien beschäftigten Berufsschäfer. Die Schäfer werden eingeteilt in:

- Schäfermeister, die die Meisterprüfung bestanden haben,
- Schäfer, die die Gehilfenprüfung bestanden haben und eine Herde selbstständig betreuen,
- Schäfergehilfen, die die Gehilfenprüfung bestanden haben,
- Schäferlehrlinge, die eine ordnungsgemäße Lehrzeit bei einem anerkannten Schäferlehrmeister nach Maßgabe der vom Reichsnährstand erlassenen Ausbildungsbestimmungen durchlaufen.

Und heute: Ausbildung zum Tierwirt, Fachrichtung Schäferei

Die Ausbildung zum „Tierwirt, Fachrichtung Schäferei“ stützt sich hauptsächlich auf zwei bundesweit einheitliche Rechtsgrundlagen:

1. Gesetzliche Grundlagen für die Ausbildung sind das Berufsbildungsgesetz (BBiG) vom 1. April 2005
2. Verordnung über die Berufsausbildung zum Tierwirt bzw. zur Tierwirtin Fachrichtung Schäferei vom 17. Mai 2005.

Der Schäferberuf ist in Deutschland anerkannt, die **Ausbildungsdauer** beträgt drei Jahre, wobei das erste Ausbildungsjahr je nach Bundesland durch ein Grundbildungsjahr für Agrarwirtschaft ersetzt werden kann. Die Ausbildung erfolgt an verschiedenen Lernorten, am Ausbildungsbetrieb, an der Berufsschule und an überbetrieblichen Ausbildungsstätten, die miteinander kooperieren.

Das Ausbildungsverhältnis ist durch einen **Ausbildungsvertrag** zwischen Auszubildenden und Ausbilder begründet. Ausbilden dürfen nur Betriebe, die von der nach Landesrecht zuständigen Behörde als Ausbildungsstätte anerkannt sind und die über einen Ausbilder verfügen, der persönlich und fachlich geeignet ist und als Abschluss die Meisterprüfung hat.

Die Ausbildung endet mit der **Abschlussprüfung**, die von einem Prüfungsausschuss abgenommen wird, bestehend aus einer möglichst gleichen Anzahl von Arbeitgeber und Arbeitnehmer und einer Lehrkraft einer berufsbildenden Schule.

Vorraussetzung für die Zulassung ist die Absolvierung der Ausbildungszeit, das vollständige Berichtsheft und die Teilnahme an der Zwischenprüfung. Auch sogenannte Seiteneinsteiger, die mindestens das Eineinhalbfache der Zeit, die als Ausbildungszeit vorgeschrieben ist, in dem zu prüfenden Beruf in Vollzeit tätig gewesen sind, können an der Prüfung teilnehmen.

Zur Ermittlung des Ausbildungsstandes wird in der Regel zum Ende des zweiten Ausbildungsjahres eine **Zwischenprüfung** abgelegt, in der entsprechend dem Rahmenlehrplan die zu vermittelnden Inhalte aus betrieblicher Ausbildung und Berufsschule geprüft werden. Hier geht es um Fertigkeiten und Kenntnisse in der Produktionstechnik.

Tierwirt, Fachrichtung Schäferei

Das Berufsbild erfordert Kenntnisse und Fähigkeiten auf folgenden Gebieten:

- *Schafhaltung,*
- *Ablammung und Aufzucht,*
- *Produktion von Wolle, Fleisch und Milch,*
- *Hütetechnik,*
- *Weidewirtschaft und Futtergewinnung,*
- *Naturschutz und Landschaftspflege.*

Die Abschlussprüfung besteht aus einem schriftlichen und praktischen Teil. Der Prüfling soll zeigen, dass er die Arbeitsabläufe unter Berücksichtigung gesetzlicher und betrieblicher Vorgaben selbstständig teamorientiert planen kann. Zum praktischen Teil der Zwischenprüfung gehört auch das **Lehrhüten.**

Nach der Verordnung über die **Meisterprüfung** zum anerkannten Fortbildungsabschluss „Tierwirtschaftsmeister und Tierwirtschaftsmeisterin Schäferei" vom 18. August 2010 (BGBl. I S. 1186) ist zur Meisterprüfung zugelassen, wer:

- Eine mit Erfolg abgelegte Abschlussprüfung in dem Ausbildungsberuf Tierwirt oder Tierwirtin und danach eine mindestens zweijährige Berufspraxis oder
- eine mit Erfolg abgelegte Abschlussprüfung in einem anderen anerkannten landwirtschaftlichen Ausbildungsberuf und danach eine mindestens dreijährige Berufspraxis oder
- eine mindestens fünfjährige Berufspraxis nachweist.

- Die Meisterprüfung hat im Unterschied zu vielen Berufen in der Wirtschaft nach wie vor Bedeutung, denn in einer speziellen Ausbildungsverordnung werden in den Berufen der Landwirtschaft höhere Mindestanforderungen an den Erwerb der fachlichen Eignung zur Ausbildung von Lehrlingen gestellt.
- Durch die Meisterprüfung soll festgestellt werden, ob der Prüfungsteilnehmer die erforderlichen Fertigkeiten und Kenntnisse besitzt, seine Schafhaltung selbstständig zu führen, die in der Schafhaltung vorkommenden Arbeiten meisterhaft auszuführen und Auszubildende ordnungsgemäß auszubilden. So wird im Unterschied zur Abschlussprüfung bei der Meisterprüfung zusätzlich das für einen selbstständigen Schäfer wichtige Gebiet der Unternehmensführung mit abgedeckt. Die Meisterprüfung umfasst die Prüfungsteile:
- Tierhaltung, Tierproduktion und Verfahrenstechnik,
- Betriebs- und Unternehmensführung,
- Berufsausbildung und Mitarbeiterführung.

Diese Prüfungen bestehen aus einem Arbeitsprojekt, einer Betriebsbeurteilung, aus einem praktischen Teil und der jeweils schriftlichen Prüfung. Seit **1998** besteht eine weitere Fortbildungsmöglichkeit zum **„Geprüften Naturschutz- und Landschaftspfleger“**.

Tarifvertrag über die Ausbildungsvergütung ab 1.11.2011

Bei von vornherein auf zwei Jahre verkürzter bzw. regulärer 2-jähriger Ausbildungszeit im Betrieb verdient der Lehrling beim Alter unter 18 Jahren 520,– € pro Monat brutto. Danach steigert sich die Bruttovergütung, ob unter oder über 18 Jahren, ab dem 13. Monat der betrieblichen Ausbildung auf 640,– bzw. 690,– €.

Davon gehen für die Verköstigung 217,– € und für die Wohnung 144,20 € pro Monat ab. Dem Auszubildenden bleiben anfangs nur 158,80 € übrig. Davon muss er noch seine persönlichen Steuern und die gesetzlichen Arbeitnehmeranteile zur Sozialversicherung entrichten. Diese Entlohnung reicht also kaum zum Leben. Der Urlaub beträgt je nach Arbeitstagen pro Woche und Alter 22 bis 30 Tage. Das Weihnachtsgeld beträgt 76,70 € brutto je Ausbildungsjahr.

Walther Rößle –
Eine Schäferausbildung von 1943 bis 1952

Walther Rößle

Schäfermeister Walther Rößle, Kleinwallstadt, erzählt in seiner Biographie von der Lehrzeit, die er am 15.04.1943 in Triesdorf begann. Im **ersten Lehrjahr** betrug sein monatliches Taschengeld 12,– Reichsmark, Kost und Logis waren frei, der Schäferkarren sein Nachtquartier. Neben dem Hüten mussten kleinere Arbeiten im Stall erledigt oder Brennnesseln und Disteln auf den Weiden beseitigt werden. Nach dem Abendessen hatten die Lehrlinge zum Unterricht zu erscheinen (Deutsch, Mathematik, Sozialkunde oder HJ-Appell). Neben dem Berufsschulunterricht einmal pro Woche mussten die Lehrlinge ein Tagebuch und einen Monatsbericht über Veränderungen im Schafstall führen. Alle sechs Wochen durfte Rössle am Samstag heimfahren, Sonntagabend musste er zurück sein.

Im **zweiten Lehrjahr** am Reutberghof bei Gunzenhausen betrug das Taschengeld 25,– Reichsmark pro Monat, Kost und Wohnung im Schäferkarren waren frei. Neben der täglichen Hütearbeit musste der Schäferlehrling voll in der Landwirtschaft mitarbeiten. Diese Arbeit wurde nicht gesondert honoriert, Heu- und Getreideernte eingeschlossen.

Das **dritte Lehrjahr** leistete Walther Rößle in Weiltingen am Hesselberg ab. Sein Taschengeld wurde auf 30,– Mark erhöht. Gehütet wurde werktags und sonntags. So konnte der Schäfer selten den Gottesdienst besuchen, vor allem nicht in den Sommermonaten.

Er musste die Jährlings- und Hammelherde betreuen. Das bedeutete bei der doppelten Herde, dass der Pferch dreimal vorgeschlagen werden musste, wobei Doppelpferche mit 42 Hürden notwendig waren. Dafür gab es 35 Pfennig pro Nacht Vorschlaggeld. Das Vorschlagen dauerte je nach Witterung eineinhalb bis zwei Stunden pro Stall. Außerdem musste er als Schäferlehrling die kleine Landwirtschaft mit zwei Kühen versorgen.

Zur Vorbereitung auf die Gehilfenprüfung diktierte der Schäfermeister ihm 16 eng beschriebene DIN A4-Seiten zum Auswendiglernen. Sie umfassten das gesamte Grundwissen zur Schafhaltung. Zusätzlich musste er im September 1946 noch einen Wollbeurteilungskurs bei der Deutschen Wollverwertung in Neu-Ulm besuchen. Danach konnte er sich zu einem mehrwöchigen Lehrgang mit anschließender Gehilfenprüfung in Triesdorf anmelden. Die Landwirtschaftlichen Lehranstalten waren in der Nachkriegszeit nicht direkt mit dem Zug zu erreichen. Um am folgenden Tag pünktlich am Lehrgang teilnehmen zu können, Unterrichtsbeginn 8.00 Uhr, war Rößle gezwungen, zu Fuß 32 km von Dinkelsbühl nach Triesdorf zu marschieren. Die Abschlussprüfung bestand er mit „sehr gut".

Am **9.02.1952** legte er an der Lehr- und Versuchsanstalt Neumühle, Rheinland-Pfalz, die **Schäfermeisterprüfung** als einziger mit „sehr gut" ab. Im Vergleich zu Bayern mussten dort zusätzlich viele staatliche Bestimmungen gelernt werden. Als Schäfermeister im Angestelltenverhältnis verdiente Walther Rößle 1953 auf dem „Truppachhof" (Kreis Zweibrücken) 250,– DM pro Monat bei freier Zweizimmerwohnung, dazu ein Schlachtschwein als Deputat und 10 % der Mutterschafe als Eigenschafhaltung. Bei der Schäferei Stritzel, Bug, betrug der Monatslohn 350,– DM, dazu freie Wohnung, Deputat und 30 Stück Eigenschafhaltung.

„Man glaubt der Schäfer sei ein Sünder,
weil er selten zur Kirche geht.
In der Natur ein Blick zum Himmel
ist besser als ein falsch´ Gebet!"

Spruch an der Wand eines Schafstalles

Walther Rößle beim Ausfahren aus dem Pferch auf der Reise nach Zweibrücken über Kaiserslautern.

Heidi Deufel – Eine Ausbildung zur Schäfermeisterin ab 2000

Nach einem Gespräch mit Heidi Deufel, Heinstetten in Baden-Württemberg: Sie erlernte diesen Beruf aus Überzeugung, ahnte schon als Schülerin, dass nur die Arbeit mit den Schafen ihrem Leben Erfüllung und Zufriedenheit geben würde. Doch wie es so geht und brav den Eltern zuliebe lernte sie erst einmal Bekleidungsschneiderin. Auf der Zollernalb, ihrer Heimat, hat die Textilwirtschaft Tradition und ist für viele Menschen eine wichtige Einkommensquelle, seit weit mehr als hundert Jahren.

Mit 20 Jahren vollzog sie den unausweichlichen Schritt und begann ihre Ausbildung in der Wanderschäferei des Schäfermeisters Harald Höfel. Günstig am Ort gelegen, hatte sie dort schon viele freie Stunden verbracht. Sie wusste genau, was sie tat und ordnete ihrem Wunschziel Freunde, Freizeit, Geselligkeit und besseren Verdienst unter. Aufgrund ihrer ersten Lehre übersprang sie ein Jahr und war nach zwei Jahren „Tierwirtin, Fachrichtung Schafhaltung".

Die Schäferschule in Stuttgart-Hohenheim hatte ihr das theoretische Wissen und viel praktisches Können vermittelt, an den Unterricht dort denkt sie noch ausgesprochen gerne zurück. Körperlich harte Arbeit im Betrieb nahm sie mit vorheriger Überlegung und sicherer Technik in Angriff, dabei kam ihr die frühere Berufserfahrung zugute.

Das selbstständige Hüten auf dem Truppenübungsplatz Großer Heuberg mit ihrem Altdeutschen Schäferhund im Sommer empfand sie zuweilen als reine Erholung. Die Weideflächen hingen zusammen und es gab dort weder uneinsichtige Bauern noch unvernünftige Spaziergänger mit Hunden. Und hält man sich an die Vorschriften, kommt man auch mit der Bundeswehr gut zurecht.

Doch dieser schönen Zeit auf der Alb sind Grenzen gesetzt. Ab Oktober ging es auf die Herbstweide nach Nusplingen im Bäratal, 723 m hoch gelegen. Der Betrieb konnte genügend Weiden pachten, viele der Nutzflächen werden extensiv betrieben und Heidi Deufel hatte es mit zuvorkommenden Landwirten zu tun. Gepfercht wurde allerdings auf den Wiesen selbst, weniger auf Äckern.

Wenn der Winter zu früh kam, vielleicht hatten sie noch nicht einmal alle Weiden befahren können, stiegen sie „ein Stockwerk" tiefer, überquerten die Donau und kamen ins Badische in die Nähe von Meßkirch, das den ehrenhaften Beinamen „Badischer Geniewinkel" trägt.

Wenn Heidi Deufel mit Allradauto und Hänger zum Hüten kam, fuhr sie zuerst das vorgesehene Gelände ab, inspizierte die Gegebenheiten und nahm bei Bedarf Kontakt zu den Landwirten und Grundstücksbesitzern auf. Trotzdem ist es ihr auch passiert, dass sie die Netze für den Pferch wieder wegnehmen musste. Wie unkompliziert ein Verhältnis zwischen dem unsteten Wanderschäfer und den sesshaften Bauern auch sein kann, bewies hier die lokal ausgehandelte Regelung, dass der Schäfer pro Tag 20,– DM in die Ortsbauernkasse einzahlte.

In diesem Gebiet hielt sich die Herde um die Weihnachtszeit auf. Ausgerechnet an einem Heiligen Abend setzte Heidi Deufel ihren Allrad in den Schlamm, aus dem es trotz aller Mühe kein Entrinnen gab. Etwas peinlich berührt, musste sie den Besitzer eines Traktors um Hilfe bitten.

Die Schnellste von allen: Heidi Deufel, im richtigen Leben wahrlich kein Leichtfuß, enteilte ihren Konkurrentinnen leichtfüßig in einer Disziplin – dem Schäferlauf. Sie hat ihn in allen vier Schäferlaufstädten gewonnen.

Bei schneller Wetterverschlechterung konnte man von hier aus die Schafe innerhalb weniger Tage auf die Weiden bei Überlingen bringen, die zwar immer noch zwischen 500 und 400 Meter hoch liegen, durch den Bodensee aber klimatisch günstig beeinflusst werden. Auch um Friedrichshafen hatte der Betrieb Weiden gepachtet, aber da dort hauptsächlich Obst- und Ackerbaukulturen angesiedelt sind, war die Hütearbeit ziemlich anspruchsvoll.

Nach ihrer Lehre arbeitete Heidi Deufel als Betriebshelferin bei der Landwirtschaftlichen Sozialversicherung und legte sich einen reichen Schatz meist positiver Erfahrungen zu, auf den unterschiedlichsten Höfen, mit den verschiedensten Menschen. Daneben absolvierte sie die Schäfermeisterprüfung, als allererste Schäferin, und ist bis jetzt immer noch die einzige im Zollernalbkreis.

Auf die **Zukunft der Schäferei** angesprochen, äußert sie sich skeptisch und führt die gleichen Gründe auf, die in Schäferkreisen genannt werden: Strukturwandel, fehlende preiswerte Weideflächen, Biogasanlagen, Nachwuchsmangel. Besonders aber berührt und bedauert sie als Mitglied im Prüfungsausschuss an der Schäferschule, dass die guten weiblichen Schäferlehrlinge nach der Ausbildung kaum in den Beruf einsteigen. Viele Gründe dafür lägen im persönlichen Umfeld, denn auch sie haben Schwierigkeiten, den richtigen Partner zu finden, oder im beruflichen, wegen der unsicheren Perspektive. Dabei seien die Damen immer bestens motiviert.

Tierschutzempfehlungen

Der Landesbeirat für Tierschutz von Baden-Württemberg erließ am 10. März 2008 **Empfehlungen zur Wanderschafhaltung** mit dem Anhang zu Lammungen und **Empfehlungen für die Hundehaltung bei der Wanderschafhaltung**. Interessenten finden sie unter *www.mlr.baden-wuerttemberg.de/mlr/allgemein/Wanderschafhaltung.pdf*

Gesetze und Verordnungen zur Erhaltung der Schafgesundheit

Für die Gesunderhaltung der Herde und die Produktion von einwandfreien Nahrungsmitteln ist der Betriebsinhaber alleine verantwortlich und haftet auch dafür. Der Gesetzgeber hat dazu viele Verordnungen erlassen. Einige wichtige davon sind:

- **Gesetz über den Verkehr mit Vieh und Fleisch (Vieh- und Fleischgesetz) vom 25.4.1951 (BGBl. I, S. 272) Zweite Verordnung zur Änderung der Verordnung über das Schlachten von Tieren vom 10.11.1952 (BGB1. I, S. 748)**
- **Tierschutzschlachtverordnung vom 3.3.1997**
- **Viehverkauf**
- **Tierkörperbeseitigungsgesetz vom 1.2.1939** wurde am **11.4.2001** neu in Kraft gesetzt
- **Viehseuchengesetz vom 26.7.1965 (BGB1. I, S. 679).** Das Viehseuchengesetz wurde am **11.4.2001** neu gefasst
- **Gesetz über den Verkehr mit Arzneimitteln vom 16.5.1961 und 10.8.2001.**
- **Tierschutzgesetz vom 18.8.1961.** Das Tierschutzgesetz wurde **1986** umfassend novelliert
- **Neufassung der Viehverkehrsordnung vom 24.3.2003 und 6.7.2007.** In § 19d ist die **Kennzeichnung von Schafen und Ziegen** geregelt
- Der **Direktvermarkter** hat das „Neue EU-Hygienerecht – Möglichkeiten der Vermarktung von Lebensmitteln tierischen Ursprungs im landwirtschaftlichen Bereich" zu beachten
- **Tierschutztransportverordnung** gültig seit 5.1.2007

Literatur von 1990 bis 2012

Bayerischer Rundfunk (1991): Schäferstunden.

Bayerisches Staatsministerium für Ernährung, Landwirtschaft und Forsten, München, (2000):
Schafweideangelegenheiten.

Biebesheimer Wochenpost. Ausgabe 08/2010.

Döler, H. - P. und Haag, C. (1995): Wacholderheiden, Landesanstalt für Umweltschutz Baden-Württemberg.

Döler, H.-P. und Haag, Cornelia (1995): Magerrasen, Landesanstalt für Umweltschutz Baden-Württemberg.

Chifflard H. (2008): Herden- und Gebrauchshunde – Hütetechnik – Praktische Schafhaltung Eugen Ulmer, Stuttgart.

Chifflard H., Sehner H. (2009): Ausbildung von Hütehunden, Eugen Ulmer, Stuttgart.

Faulhaber I. (2003): Wirtschaftliche Auswertung des Betriebszweiges Schafhaltung, Bayerischer Schafhalter 6.

Früh R., Oelke M. (2004): Von Schäfern, Schafen und Wölfen, Verlag Escher, Gehren.

Gros, H.: Ein Schäfer aus dem Westerwald im „Pariser Geschäft." Deutsche Schafzucht Nr. 9, 10, und 15 / 1996.

Heimrath R. (2003): Auf der Hut, Druckhaus Oberpfalz, Amberg.

Kraus E. (2005): Entwicklung wirtschaftlicher Kenndaten von Lämmerproduzenten, Bayerischer Schafhalter 6.

LEL Schwäbisch Gmünd, Infodienst Landwirtschaft-Ernährung-Ländlicher Raum: Kalkkmagerrasen. www.landwirtschaft-bw.info

Lüning, J. (1997): Anfänge und frühe Entwicklung im Neolithikum, Dt. Agrargeschichte, Vor-und Frühgeschichte, Verlag Eugen Ulmer, Stuttgart.

Mendel, Ch. (2007): An der Schafzucht verdient, Bayerischer Schafhalter 3.

Mendel, Ch., Chifflard H. und Wagenpfeil M. (2008): Haltung – Praktische Schafhaltung, Eugen Ulmer, Stuttgart.

Podolák, J. und A., (1991): Hirten und Herden, Schafhaltung in der Slowakei, Ethnographisches Museum Schloss Kittsee.

Reinhardt, M. (2006): Das Goldene Vlies. Als die Merinoschafe nach Württemberg kamen, Pro-Logo, Münsingen.

Rahn Phillips, C., Phillips William D. Jr. (1997): Spain's Golden Fleece. Wool Production and the Wool Trade from the Middle Age to the Nineteenth Century. The Johns Hopkins University Press. Baltimore and London.

Reinhardt, M. (2008): Von Segovia nach Münsingen. Wie die Merinoschafe 1786 aus Spanien nach Württemberg kamen. Momente – Staatanzeiger Baden Württemberg 2.

Reuter P. (2010): Zum Jahreswechsel, Bayerischer Schafhalter 6.

Reuter P. (2011): Es gehört Mut dazu, Schafe zu halten – Rahmenbedingungen, Bayerischer Schafhalter 1.

Rößle W. (2003): Schäfer aus Berufung, Eigendruck.

Sambraus, H. H. (2010): Gefährdete Nutztierrassen. Verlag Eugen Ulmer, Stuttgart.

Schedel D. (2003): Tierheilkunde der Hirten und Schäfer – Auf der Hut, Druckhaus Oberpfalz, Amberg.

Scherer O. (2011): Schafreport – mit Schafen Geld verdienen, Bayerischer Schafhalter 6.

Schmoll G. (1998): Noch mehr Gülle – Ende der Hüteschafhaltung. Bayerischer Schafhalter 5.

Schnitzer P. (1993): Ein beispielhaftes Konzept – Schafstall in Albstadt-Onstmettingen, Deutsche Schafzucht 8.

Schormayer C.: Die Schäferkleidung, Bayerischer Schafhalter Hefte 2 bis 6 / 2010, Hefte 1 bis 6 / 2011, Heft 1 / 2012.

Stroszeck H. (1998): Transhumanz oder besser Wanderschafhaltung in Deutschland, Bayerischer Schafhalter 1.

Süddeutsche Zeitung, München, (2011): Leben am Tropf.

Wagenpfeil M. (2008): Berufsausbildung – Praktische Schafhaltung, Eugen Ulmer, Stuttgart.

Walter R. (1997): Struktur der Schafhaltung in Bayern, Bayerischer Schafhalter 5.

Waßmuth, Rudolf: Brache und Schafhaltung in vergangenen Jahrhunderten. Deutsche Schafzucht Nr. 15 / 2003.

Literatur bis 1989

Bayerisches Staatsministerium für Ernährung, Landwirtschaft und Forsten (1977): Gesetzliche Bestimmungen beim Trieb der Schafherden im Frühjahr. München.

Coler J. (1645): Oeconomia ruralis et domestica, Nicolaum Heyl, Mainz.

Daubendon L. J. M. (1795), siehe Wichmann

Diener H. O. (1949): Süddeutsche Schäferfibel. Buchdruckerei J. Gottswinter, München.

Diener H. O. (1958): Festschrift zum 40-jährigen Bestehen des Landesverbandes Bayerischer Schafhalter.

Diener H. O. (1951): Die Schafweide-Verpachtungen in Bayern 1951. Sonderdruck aus der Süddeutschen Schäfereizeitung Jahrgang 42, 1952, S. 430 ff.

Doehner H. (1944): Handbuch der Schafzucht. Dritter Band, Verlag Paul Parey, Berlin.

Doehner H. (1954): Handbuch der Schafzucht. Vierter Band, Verlag Paul Parey, Berlin.

Fischer, F. Ch. J. (1792): Geschichte des teutschen Handels, der Schiffarth, Fischerey, Erfindungen, Künste, Gewerbe, Manufakturen, der Landwirthschaft, Polizey, Leibeigenschaften, des Zoll-, Münz- und Bergwesens, des Wechselrechts, der Stadtwirthschaft und des Luxus. In der Helwingschen Hofbuchhandlung, Hannover.

Fries, M. (1853): Handbuch der praktischen Landwirtschaft. Selbstverlag des Verfassers, Oedheim; Schell´sche Buchdruckerei, Heilbronn.

Hasspacher, J. (1982): Ein Dorf an der Grenze. Chronik von Ölbronn. Mit Beiträgen zur Geschichte der Waldenser sowie der Orte Kleinvillars, Mulinhusen und Dürrn. Eigenverlag.

Heimberger, H. (1955): Von Schippenschmieden und Schäferschippen. Bayerisches Jahrbuch für Volkskunde, S. 57-68.

Heimberger, H. (1965 / 1969): Schafscheren und Schafschur. In: Württembergische Jahrbücher für Volkskunde (S. 231–248).

Hereboe Dr. (1918): Fragen der Schafzucht I. Deutsche Landwirtschafts-Gesellschaft, Berlin.

Hornberger Th. (1955): Der Schäfer. W. Kohlhammer Verlag, Stuttgart.

Hornberger Th. (1959): Die kulturgeographische Bedeutung der Wanderschäferei in Süddeutschland. Selbstverlag der Bundesanstalt für Landeskunde, Remagen.

Hutten H. U. (1938) Das Deutsche veredelte Landschaf. Paul Parey, Berlin.

Jacobeit W. (1987): Schafhaltung und Schäfer. Akademie-Verlag, Berlin.

Kargl J. (1978): Aus der Geschichte der Schafzucht. Bayerischer Schafhalter 3.

Kirschbaum J. G. (1862): Populärer Unterricht in der Schafzucht. C. Mäcken, Stuttgart.

Lasteyrie C. P. (1800): Abhandlung über das spanische Schafvieh. Villaume, Hamburg,

Luke K. (1989): Die Entwicklung der Tierhaltung in Deutschland bis zum Beginn der Neuzeit. Breitenbach, Saarbrücken.

Landesverband Bayerischer Schafhalter (1981): Treiben und Pferchen von Schafen auf fremden Grundstücken. Bayerischer Schafhalter 5.

Müller R. (1989): Welche Rechte stehen dem Schäfer beim Hüten zu? Deutsche Schafzucht 21.

Oppermann T. (1929): Lehrbuch der Krankeheiten des Schafes. M. und H, Schaper.

Pistorius W. (1838): Beiträge zur Geschichte des Schäfereiwesens in Württemberg. Diss. Tübingen.

Preuß. Ministerium für Landwirtschaft, Domänen und Forsten (1932): Der kleine Schafhalter. Verlag Paul Parey, Berlin.

Rieger D., Berlin, (1966): Wanderschäferei im Süddeutschen Raum. Verlag Paul Parey, Hamburg.

Rinschede G. (1979): Die Transhumance in den französischen Alpen und den Pyrenäen. Selbstverlag der Geographischen Kommission für Westfalen, Münster.

Rösener W. (1985): Bauern im Mittelalter, C. H. Beck, München.

Ryder M. L. (1983): Sheep & Man. Duckworth. London.

Schöpfel R. (1978): Die Struktur der Schafhaltung. Bayerischer Schafhalter 3.

Sendke A.: Das Pferchschlagen. Deutsche Schafzucht 8 / 1987, S. 165 / 166.

Sieglin (1887): Zur Geschichte des württembergischen Schäfereiwesens. Mitteilungen aus Hohenheim.

Sturm R. (1925): Die süddeutsche Wanderschäferei. Ztschr. f. Tierzüchtung u. Züchtungsbiologie 4, S. 73 ff.

Süddeutsche Schäfereizeitung (1930): Sonderdruck Nr. 26-28.

Taschenkalender der süddeutschen Schäfereiverbände (1939).

VDL-Broschüre (1955): Die deutsche Schafhaltung und Wollerzeugung in der Nachkriegszeit. Gesamtherstellung H. Köllen, Bonn.

Wichmann C A. (Hrsg.) (1795): Katechismus der Schaafzucht zum Unterrichte für Schäfer und Schäferey-Herren, nach Anleitung eines französischen Werkes von Ludwig Johann Maria Daubenton. Bey David Siegert, Liegnitz und Leipzig

Weber / Fleischhauer (1943): Lehrbuch für Schäfer und Schafhalter. Verlag Paul Parey, Berlin.

Woermann E. (1935): Standort, Betriebsformen und Ausdehnungsmöglichkeiten der deutschen Schafhaltung. Verlagsbuchhandlung Paul Parey.

Zöbl D. (1982): die Transhumanz (Wanderschafhaltung) der europäischen Mittelmeerländer im Mittelalter in historischer, geographischer und volkskundlicher Sicht. Berliner Geographische Studien. Band 10.

Adressen

Vereinigung Deutscher Landesschafzuchtverbände e.V., Claire-Waldorff-Straße 7, 10117 Berlin, Tel.: 030/31904-540; E-Mail: s.voell@bauernverband.net; www.bundesverband schafe.de

Landesschafzuchtverband Baden-Württemberg e.V., Heinrich-Baumann-Straße 1-3, 70190 Stuttgart, Tel.: 0711/16655-40; E-Mail: info@schafe-bw.de; www.schaf-bw.de

Landesverband Bayerischer Schafhalter e.V., Haydnstraße 11, 80336 München, Tel.: 089/536226; E-Mail: LV.SchafeBy@t-online.de; www.derbayerischeschafhalter.de

Der Bayerische Schafhalter – Mitteilungsblatt des Landesverband Bayerischer Schafhalter, Tel.: 08461/700028; E-Mail: redaktion-BSH@t-online.de

Bayerische Herdbuchgesellschaft für Schafzucht e.V., Haydnstraße 11, 80336 München, Tel.: 089/536227; E-Mail: BHG-Schafzucht@t-online.de

Hessischer Verband für Schafzucht und –haltung e.V., Kölnische Straße 48-50, 34117 Kassel, Tel.: 0561/16984; www.schafe-hessen.de

Landesverband der Schafhalter Rheinland-Pfalz e.V., Burgenlandstraße 7, 55543 Bad Kreuznach, Tel.: 0671/793-0; E-Mail: rainer.wulff@lwk-rlp.de; Postanschrift: Peter-Klöckner Straße 3, 56073 Koblenz, Tel.: 0261/91593-231

Verein für Schäfereigeschichte e.V., Ringstraße 6, 93095 Hagelstadt, Tel.: 09453/93758; E-mail: hans.chifflard@gmx.de; www.vereinfuerschaefereigeschichte.de

Archiv des Verein für Schäfereigeschichte e.V.: Stadt Münsingen; E-Mail: Patricia-Leberl@gmx.de

Schafzucht – Magazin für Schaf- und Ziegenhalter, Verlag Eugen Ulmer KG, Postfach 700561, 70574 Stuttgart, Tel.: 0711/4507-0; E-Mail: info@ulmer.de; www.ulmer.de; Redaktion: Dipl.-Ing.-agr. Günther Dierichs, Mühlenweg 1, 53567 Buchholz/Ww, Tel.: 02683/945463; E-Mail: gdierichs@ulmer.de

Schäfereikalender 2013 – erscheint jährlich im Verlag Eugen Ulmer, Stuttgart

Arbeitsgemeinschaft zur Zucht Altdeutscher Hütehunde (AAH); 1. Vorsitzender: Martin Winz, Tornauer Weg 3c, 06118 Halle-Seeben; Geschäftsstelle: Susanne Zander, Allerbogen 12, 29223 Celle, Tel.: 05141/900600; E-Mail: zander.celle@t-online.de

Verein für Deutsche Schäferhunde (SV) e.V., Hauptgeschäftsstelle: Steinerne Furt 71, 86167 Augsburg, Tel.: 0821/74002-0; www.schaeferhunde.de

Gesellschaft zur Erhaltung alter und gefährdeter Haustierrassen e.V. (GEH), Walburgerstraße 2, 37213 Witzenhausen, Tel.: 05542/1864; E-Mail: geh.witzenhausen@g-e-h.de; www.g-e-h.de

Bayerische Landesanstalt für Landwirtschaft, Institut für Tierzucht – Arbeitsgruppe Schafe, Prof.-Dürrwächter-Platz 1-Grub, 85586 Poing, Tel.: 089/99141-120

Regierungspräsidium Stuttgart, Ruppmannstraße 21, 70565 Stuttgart, Referat 31, Tel.: 0711/904-131-110 bzw. -120; E-Mail: poststelle@rps.bwl.de

Berufsschule Stuttgart-Hohenheim/Staatsschule für Gartenbau und Landwirtschaft (782), Schloss-Westhof-Nord (811), 70593 Stuttgart, Tel.: 0711/459-22793 bzw. 0711/459-22728; E-Mail: ,@uni-Hohenheim.de

Europäische Schafzuchtorganisationen

Frankreich

Fédération Nationale Ovin, 149, Rue de Bercy, 75595 Paris cedex 12, Tel.: 0033/140045131; Président M. Bernhard Martin

Spanien

Asociación Espanola de Criadores de Ovinos Precoces (AECOP), Castelló 45, 2o, Izda., 28001 Madrid, Tel.: 0034/915751225; E-mail: asociacion@aecop.es; Rassen: Merino, Fleischschafe, Landschafe

Register

Bildquellen

Umschlag
Zoonar/Andrea Leicht: Titelfoto
Chifflard, Hans: Umschlagrückseite linkes Foto
Silke Klewitz-Seemann: Umschlagrückseite rechtes Foto

Innenteil
anonyme (CEHA Poissy), http://commons.wikimedia.org: Seite 55
Baumann, Willi: Seite 63
Blessing, Gustav: Seite 106
Chifflard, Hans: Seite 3, links, 8, 12, 42, 47, 58, 69, 73, 76, 80, 88, 81, 84 rechts, 91, 103, 105, 112, 113, 114 links, 114 rechts, 116, 119, 128, 130, 133 oben, 133 unten, 134, 136, 137, 139, 140, 143, 151, 163, 167
Deufel, Heidi: Seite 174
Domes Dr., Ursula: Seite 144
Gabler, Cornelia: Seite 158
Hackner, Robert: Seite 74, 78
Hitzler, Juliane: Seite 41
Höfel , Harald und Braun, Ralf: Seite 44
Kollmar, Philipp: Seite 15, 20
Kopp, Erwin: Seite 122
Landesverband Bayerischer Schafhalter, Archiv: Seite 75, 126
Linde, Klaus: Seite 98
Palme, Georg: Seite 172
Peter, Christian: Seite 3 rechts, 107, 153
Rast-Kossek, Renate: Seite 27, 100, 101
Reinhardt, Manfred: Seite 28, 30, 38, 71, 84 links, 87, 93
Rieder, Hugo: Seite 48
Rößle, Walter: Seite 173
Sambraus Dr., Hans Hinrich: Seite 31
Schenk, Sandra: Seite 10
Schneider, Christine: Seite 2, 17, 18
Schuster, Rudolf: Seite 82, 94,109
Spengler Dr., Dieter: Seite 52
Verein für Schäfereigeschichte e.V.: Seite 61, 66
Hans-Jakob Weinz/pixelio.de: Seite 24

Grafische Darstellungen
Sämtliche Zeichnungen fertigte Helmuth Flubacher, Waiblingen, nach Vorlagen aus der Literatur und dem Archiv des Vereins für Schäfereigeschichte e. V.

Impressum

Bibliografische Information der Deutschen Nationalbibliothek
Die Deutsche Nationalbibliothek verzeichnet diese Publikation in der Deutschen Nationalbibliografie; detaillierte bibliografische Daten sind im Internet über http://dnb.d-nb.de abrufbar.

Wollgrasweg 41, 70599 Stuttgart (Hohenheim)
E-Mail: info@ulmer.de
Internet: www.ulmer.de
Lektorat: Dr. Eva-Maria Götz
Herstellung: Gabriele Wieczorek
Umschlagentwurf: Atelier Reichert, Stuttgart
Satz: Atelier Reichert, Stuttgart
Druck und Bindung: Firmengruppe APPL, aprinta druck, Wemding
Printed in Germany

ISBN 978-3-8001-7764-6